图解焊接技术入门与提高

这样学焊条电弧焊超简单

王影建　主　编

张建景　副主编

科学出版社

北　京

内 容 简 介

本书共6章，主要介绍手工焊条电弧焊的基础知识、焊接设备及工具、器具的使用方法、焊接材料及选用方法、焊条电弧焊的操作技巧，以及焊接缺陷产生的原因及防止措施、焊接质量检验，手工焊条电弧焊操作方面的安全注意事项等内容。重点讲解板材对接、板材角接、管材对接、管板角接等各种位置的焊接操作步骤。

本书内容丰富，语言通俗易懂、实用性强，可帮助初学者快速上手，在较短时间内掌握焊条电弧焊的关键技术要点！

本书可作为焊接初学者自学教材使用，也可供有关专业的工人、技术人员及工科院校的师生参考。

图书在版编目（CIP）数据

这样学焊条电弧焊超简单/王影建主编；张建景副主编. —北京：科学出版社，2018.1

（图解焊接技术入门与提高）

ISBN 978-7-03-055256-3

Ⅰ.这… Ⅱ.①王… ②张… Ⅲ.焊条－电弧焊－图解 Ⅳ.TG444-64

中国版本图书馆CIP数据核字（2017）第275066号

责任编辑：张莉莉 杨 凯／责任制作：魏 谨

责任印制：肖 兴／封面设计：刘素霞

北京东方科龙图文有限公司 制作

http://www.okbook.com.cn

科 学 出 版 社 出版

北京东黄城根北街16号

邮政编码：100717

http://www.sciencep.com

天津市新科印刷有限公司 印刷

科学出版社发行 各地新华书店经销

*

2018年1月第 一 版 开本：890×1240 1/32

2018年1月第一次印刷 印张：8

字数：220 000

定价：39.00元

（如有印装质量问题，我社负责调换）

序

焊接是一种精确、可靠、低成本的连接材料的工艺方法，是一种先进的制造技术，在工业生产中占有极其重要的地位，已被广泛应用于电子设备、车辆制造、建筑、石油化工、重型机械、航空航天等领域。目前世界工程技术界已将焊接结构用钢量作为衡量一个国家工业发达与否的重要指标。工业发达国家的焊接结构用钢量已达到钢产量的60%～70%。

随着我国经济的持续蓬勃发展，社会对焊接人才，尤其是技能型人才的需求量也在大幅度提升。过去主要依靠学生自学和师傅的“传、帮、带”培养焊接技术工人的人才培训模式已经无法满足社会对技能型焊接人才的需求，如何适应市场和企业生产实际的需求，培养大批量的不同层次、适应现代焊接生产发展和技术要求的高素质焊接专业技术人才，已成为我国职业教育中焊接技能培养需要深入思考和亟待解决的问题。

在目前的职业教育中，很多职业院校的焊接教材相对于学生的现有知识水平，存在着内容陈旧、文字多、图片少、焊接实例少以及可操作性差等缺点，从而极大影响焊接专业的理论教学质量。鉴于此，本书作者根据多年的教学和实践经验，为焊接技术的初学者编写了本套丛书——“图解焊接技术入门与提高”。书中内容主要来自于焊接生产一线的经验总结，同时兼顾理论与实践知识的有机结合，语言通俗易懂，实用性强，并配有大量的图片来说明焊接操作的重点与难点问题，可让初学者一看就明白，看了就能照着去做。

希望广大初学者不仅要逐字逐句仔细研读这套书，更为重要的是，要在实践中不断体会与总结出自己的操作经验——“纸上得来终觉浅，绝知此事要躬行”。希望“图解焊接技术入门与提高”成为你在焊接技能快速成长路上的一位良师益友，祝大家学习愉快！

张殿勇

北京科技高级技术学校 校长

前 言

本书采用图解方式，重点介绍手工焊条电弧焊的操作方法和步骤。图文并茂、内容简明扼要、语言通俗易懂是本书的特色。初学者可以快速上手，在较短的时间了解手工焊条电弧焊的基本概念和操作技巧。

笔者编写本书的目的就是想将自己20余年来在电力施工及焊接职业教学中的焊接操作经验、焊接过程中的注意事项、焊接缺陷的辨识及返修等实践经验，以及焊接大赛中的操作技巧、焊接培训中的操作工艺，通过大量的图片及精练的文字展现给读者。

本书在编写的过程中，紧紧围绕一个“用”字展开，各项内容的安排都着眼于施工的实际需要，学以致用，以提高工人的操作技能、工艺水平、工艺质量和劳动生产率为目的。

本书共6章，主要介绍手工焊条电弧焊的基础知识、焊接设备及工具、器具的使用、焊接材料、焊条电弧焊的操作技巧等内容，重点讲解板材对接、板材角接、管材对接、管板角接等各种位置的焊接操作步骤。对焊接缺陷产生的原因及防止措施、焊接质量检验，以及手工焊条电弧焊操作方面的安全注意事项等也进行了阐述。

本书主要由王影建和张建景、王睿媛编写。本书对焊接技术的自学者和初学者、中职院校的焊接专业学生、企业中一些需要提高技能的焊工，以及一些焊接施工管理者都有一定帮助。

本套丛书在编写过程中得到北京科技高级技术学校领导的大力支持，也得到中国能源建设集团山西电力建设有限公司焊接同仁的帮助。笔者在编写过程中查阅、参考和使用了一些与焊接相关的网络及图书资料，如《电焊工一点通》《图解焊工应知应会300问》等，在此表示衷心感谢！

由于水平及经验有限，编写仓促，书中难免有错误和不妥之处，恳请各位读者批评指正。

编 者

目　录

第 6 章 焊条电弧焊操作实例

第1章

焊条电弧焊概述

1.1　什么是焊条电弧焊

所谓焊条电弧焊，就是焊接操作工人手工操纵焊条进行焊接的一种电弧焊方法。

焊条电弧焊是通过焊条与工件之间产生的焊接电弧，利用焊接电弧产生的热量，将焊条药皮、焊芯及母材金属熔化，熔化后的药皮分解生成气体和熔渣对熔池金属共同保护，防止有害气体侵入熔池，从而得到合格焊缝，如图 1.1 所示。

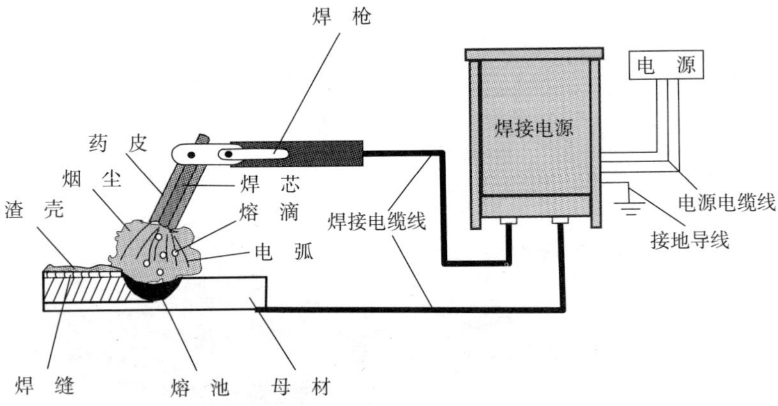

图 1.1　焊条电弧焊示意图

1.2　焊接电弧

焊接电弧是由焊接电源供给的，具有一定电压的电极与母材之间（两个电极之间），在气体介质中产生的强烈而持久的放电现象。图 1.2 所示为在焊接工作现场产生的焊接电弧。

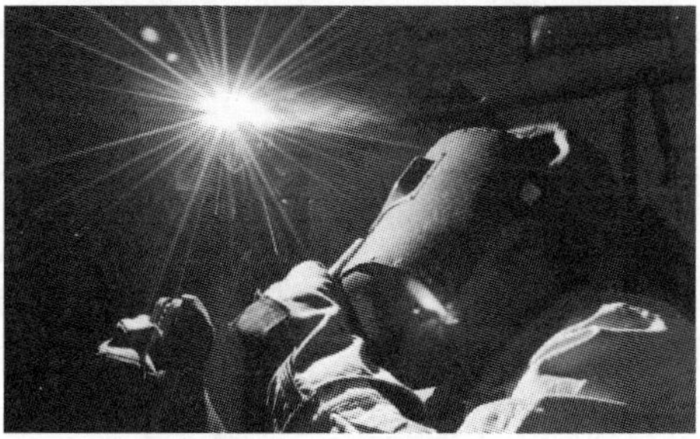

图 1.2 焊接电弧

1. 焊接电弧空间区域组成

焊接电弧由阴极区、阳极区和弧柱区三部分（区域）组成，如图 1.3 所示。

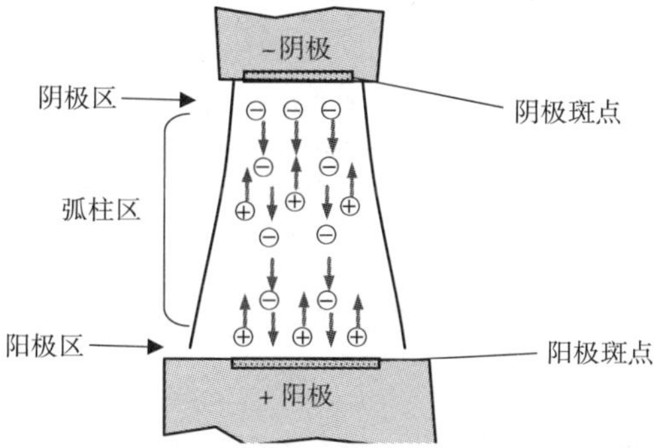

图 1.3 焊接电弧的组成

（1）阴极区：紧靠负电极的焊接电弧区域称为阴极区。阴极区很窄，电场强度很大。在阴极表面上有一个明亮的斑点，称为阴极斑点。它是电子发射的地方，电流密度很大，也是阴极区温度最高的地方。

（2）阳极区：紧靠正电极的焊接电弧区域称为阳极区。阳极区的表面比阴极区的表面要大。在阳极表面也有一个光亮的斑点，称为阳极斑点。它是接收电子的区域。阳极区的电场强度比阴极区小得多。

（3）弧柱区：在阴极区和阳极区之间的电弧部分称为弧柱区，电弧中绝大部分为弧柱区。

2. 焊接电弧的温度

焊接电弧中阴极区、阳极区和弧柱区的温度是不一样的，不均匀的，如图 1.4 所示。温度由高到低依次为：弧柱区、阳极区、阴极区。一般情况下，弧柱区的温度最高，但弧柱区沿其截面分布不均，弧柱中心温度最高，可达 5000 ~ 8000K（K 为国际制温度单位，读开尔文，简称开，0℃ =273.15K。例如 100℃ =373.15K）。

焊条电弧焊时，阳极区的温度大于阴极区的温度。

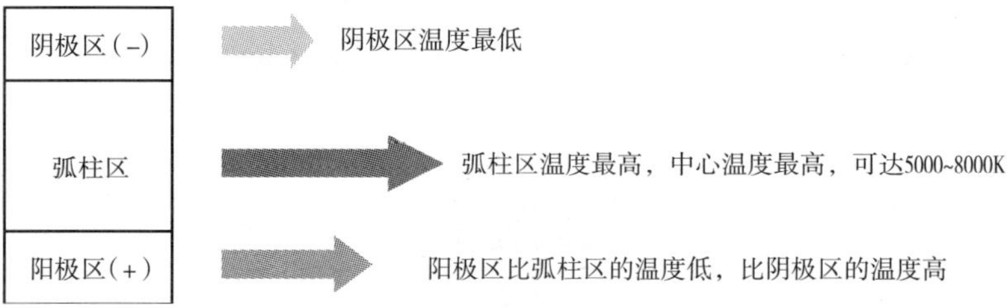

图 1.4　焊接电弧中阴极区、阳极区和弧柱区的温度差别图

3. 电弧长度与电弧电压的关系

焊接电弧电压是由阳极电压降、阴极电压降和弧柱电压降组成。一般情况下，在电极材料（焊条）和气体介质（如空气）一定的条件，阳极电压降、阴极电压降基本是一定的，但弧柱压降随电弧长度成正比变化。所以当焊条抬高时，弧柱电压就升高，反之亦然，如图 1.5 所示。

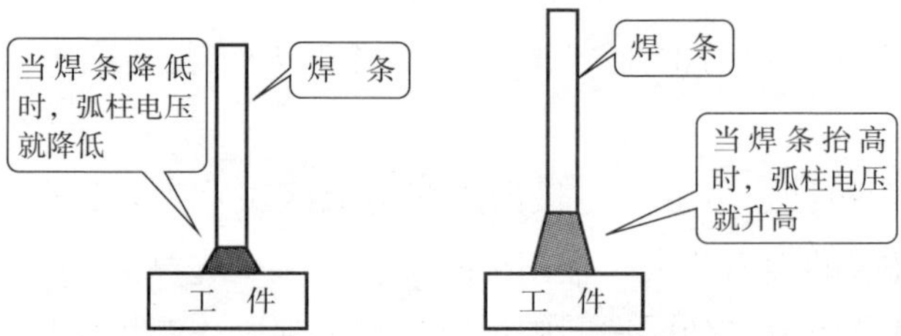

图 1.5　焊条距工件的距离与电弧电压的关系

4. 焊接电弧偏吹的原因

进行焊条电弧焊操作时,焊接电弧就是由气体电离构成的柔性导体,呈喇叭状。在正常焊接时，电弧中心线与焊条中心线一致，可以有效控制焊缝成形、尺寸及熔合，保证焊接质量。但在焊接过程中，若焊条偏心或受风力、磁力等其他外力的影响，电弧都要发生偏吹。图 1.6 所示为在焊接过程中，电弧发生偏吹的示意图。

产生偏吹的原因主要有以下几点:

（1）焊条的偏心度大。焊条在制造过程中因工艺不当会发生少量比例的焊条偏心。焊接时，若焊条部分药皮脱落，焊接时由于药皮熔化不均匀，电弧将向药皮熔化速度较快或无药皮一侧偏吹。图 1.7 所示为焊条药皮脱落的情况。

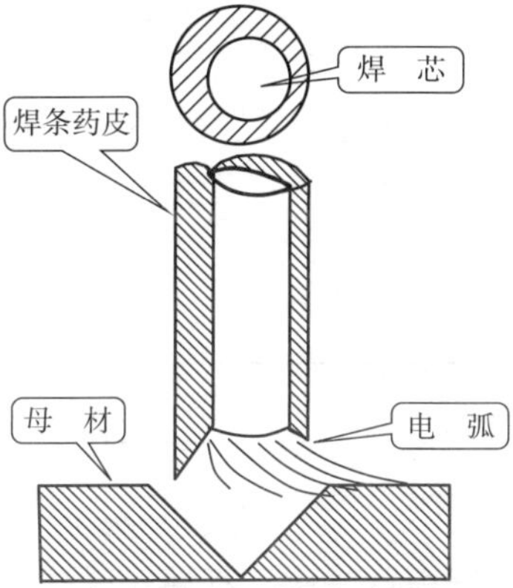

图 1.6 电弧发生偏吹示意图

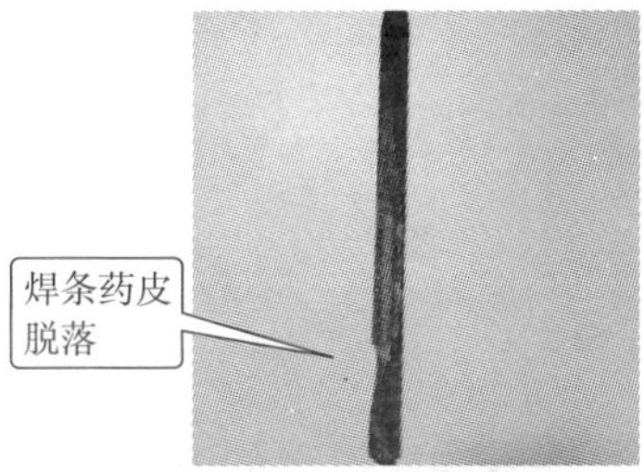

图 1.7 焊条药皮脱落

（2）电弧周围气流的影响。主要有以下几种情况:

① 在室内外, 特别是野外作业, 当风力过大时, 会将电弧吹向一侧, 造成偏弧。

② 在大径管道或容器内焊接时，由于管道或容器内的空气流速过快，也会造成电弧偏吹。

③ 在较长管道外焊条电弧焊打底焊时，由于管道内有空气快速通

过，也就是大家常说的穿堂风时，也会造成电弧偏吹。

（3）磁场的干扰。电弧因受磁场的干扰而造成的偏吹，称为磁偏吹。磁偏吹产生的主要原因是：

① 接地线位置不当引起的电弧偏吹。在图 1.8 中，当焊接电流从焊机“+”极流经焊件，穿过电弧到焊条再进入“－”极，沿途产生的磁力线分布在电流通路的周围，但电流流经焊件拐弯到电弧时，在电弧左右两半部分的磁力线分布就极不均匀，电弧左半部分（在接点方向的一边）的磁力线较右半部分的磁力线密集，结果造成了电弧左半部分的磁场强度大于右半部分的磁场强度，使电弧向磁场强度较小的右侧偏吹，从而产生磁偏吹现象。反之亦然。

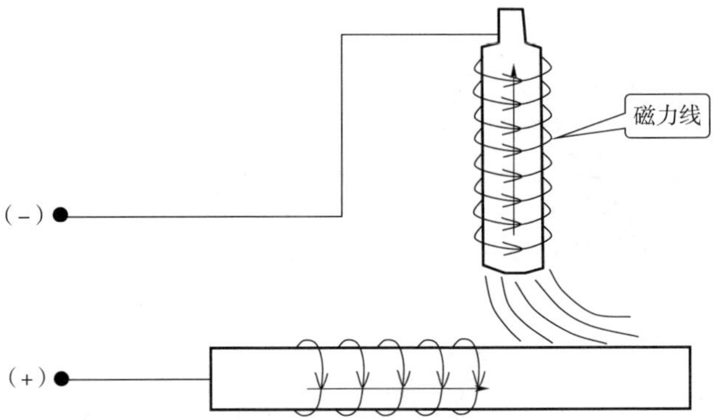

图 1.8　电弧磁偏吹

② 铁磁物质引起的电弧偏吹。由于钢板、铁块等都属于铁磁物质，其导磁能力远远大于空气，因此，当焊接电弧周围有这些铁磁物质存在时，在靠近铁磁物质的一侧磁力线大部分都通过铁磁物体形成封闭曲线，使电弧同铁磁体之间的磁力线变得稀疏，没有铁磁物质一侧的磁力线就显得密集一些，因此电弧就向有铁磁物质一侧偏吹，如图 1.9 所示。但随着焊接时铁磁物质温度的升高，其导磁能力就降低，电弧磁偏吹现象也就减少和消除。

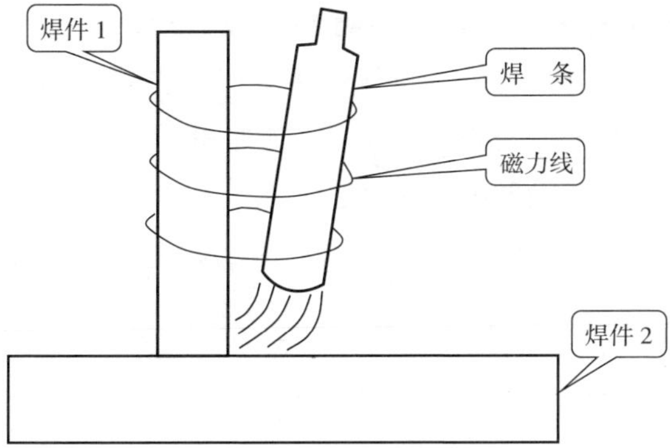

图 1.9 铁磁物质引起的电弧偏吹

③ 焊条和焊件的位置不对称引起电弧偏吹。当我们在靠近焊件边缘的起头端和收尾端处开始焊接时，经常会发生电弧偏吹，而当逐渐靠近焊件中心时，电弧的偏吹现象就逐渐减少或消失。这是由于在焊接焊缝的起头端、收尾端时，焊条与焊件所处的位置不对称，造成电弧周围的磁场分布不平衡，再加上热对流的作用，就产生电磁偏吹，如图 1.10 所示。

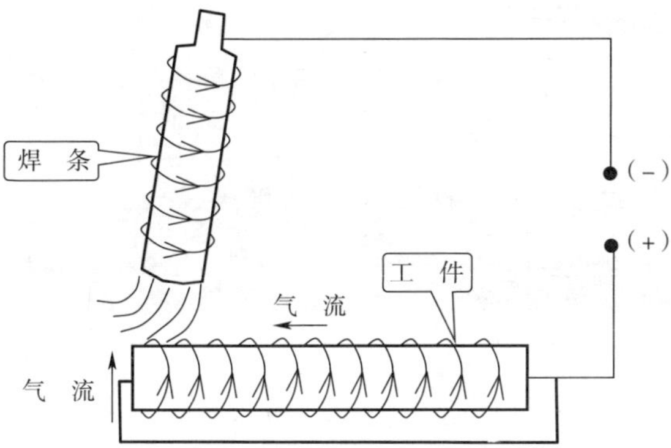

图 1.10 焊条和焊件的位置不对称引起电弧偏吹

④ 温度、电流对电弧的影响。焊接时，随着铁磁物质温度的升高，其导磁能力就降低，电弧磁偏吹现象也就减少和消除。焊接电弧的磁偏吹与焊接电流也有关，焊接电流越大，磁偏吹现象越严重，尤

其是当采用 300 ~ 400A 时，电弧偏吹的现象更为严重，当电流达到 800 ~ 1000A 时，电弧的偏吹将使焊接工作无法进行。

⑤ 焊接处有铁锈、油脂、水分等杂物，也会影响电弧磁偏吹现象。

总之，产生电弧磁偏吹的现象，只有在使用直流电源焊接时才会产生，且使用碱性焊条偏吹较多，而对交流电源来说，一般不会产生明显的磁偏吹现象。

5. 减少或防止焊接电弧偏吹的措施

（1）在符合技术条件要求的情况下尽量使用酸性焊条、交流电源焊接。

（2）在露天作业时，如果有大风则必须采取防风措施，如搭设防风棚，见图 1.11，对电弧进行保护。

图 1.11　搭设防风棚

（3）在直径较大的管道或容器内进行焊接，为减少气流对电弧的影响，应适当封堵管道、容器孔径，但不可封堵过严影响内部空气质量，防止焊工吸入超过规定浓度的粉尘或烟尘（图 1.12）。

一般情况下，较长管道内的空气流动速度都比较快。当需要焊条电弧焊打底焊接时，必须将管口封堵（图 1.13），防止气流对电弧的干扰。

图 1.12　大径管封堵

图 1.13　焊接较长管道时要加封堵盖

（4）可以在焊缝始端和末端各加一块引弧板和引出板，使电弧两侧的磁力线分布均匀并减少热对流的影响，以克服电弧的偏吹。

（5）采用短弧焊接，可以减少气流对电弧的影响，也能减少磁偏吹的程度，因此采用短弧焊接是减少电弧偏吹的较好方法。

（6）在操作时要及时适当调整焊条角度，将焊条角度偏向偏吹一侧，待不偏弧后，电弧角度恢复正常，这是一种有效纠正偏弧的方法之一。

（7）改变焊件上的接地线部位，使之靠近焊缝中心，使电弧周围的磁力线分布均匀，如图 1.14 所示。图中虚线表示克服磁偏吹的接线方法。

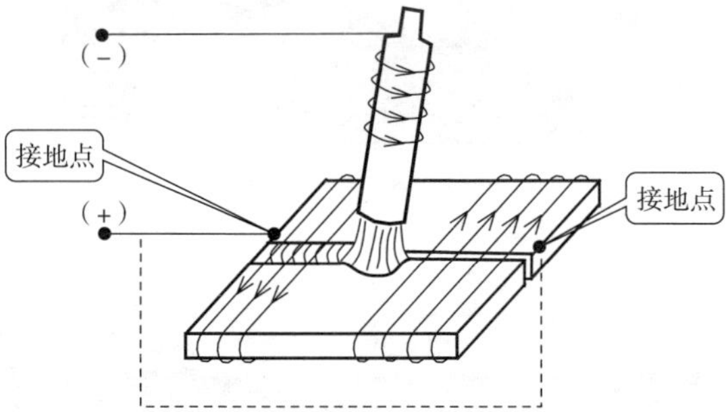

图 1.14　将焊件上的接地线部位靠近焊缝中心

（8）采用分布式接地，如两侧接地或多点接地的方法。

（9）尽量采用较小焊接电流焊接对克服磁偏吹也能起一定的作用。

（10）焊前检查焊条有无偏心或药皮脱落现象，发现问题应及时更换。

1.3　焊条电弧焊的优点和缺点

1. 焊条电弧焊的优点

1）设备简单，维护方便

焊条电弧焊可以使用交流电焊机、直流电焊机或交直流两用电焊机焊接，这些焊机设备简单，维护方便，价格便宜。

2）操作灵活，使用方便

凡焊条能够到达的地方，均能进行全位置的焊接。

3）适用范围广

选用合适的焊条可以对低碳钢、低合金钢、高合金钢、不锈钢、铸铁，以及一些有色金属等同种或异种金属进行焊接。

该方法在电力、化工、冶金、造船、航空等行业及机械制造，民用生活等方面得到广泛的应用。

4）工艺使用性强

针对不同材质、不同厚度的焊件，选用不同种类、不同规格的焊条，并选择不同的焊接参数进行焊接。

2. 焊条电弧焊的缺点

1）技能要求高

焊条电弧焊缝的外观工艺和内部质量除了与选择合适的焊条、焊接设备和焊接参数相关外，还要求焊工有熟练的操作技能和较丰富的焊接经验。

2）劳动条件差

在进行焊条电弧焊的过程中，焊工处在有毒、有害的烟尘环境中，且受高温的烘烤和弧光辐射，还可能被飞溅的火花烫伤。当在露天作业时，焊工需要在炎热的夏季或寒冷的冬天进行焊接，作业环境差。

3）生产效率低

因焊条电弧焊是人工操作，除正常焊接时间外，还有辅助时间，其中辅助时间包括焊前清理打磨坡口、更换焊条、清理熔渣、打磨焊缝、焊后清理飞溅，且焊材利用率不太高，难以实现机械化和自动化，所以生产效率较低。

第 2 章

电焊条

2.1　电焊条的组成和作用

焊条电弧焊时使用的焊接材料就是电焊条，简称焊条。焊条就是在焊芯外涂有药皮的熔化电极。

1. 电焊条的作用

当进行焊条电弧焊时，焊条既作为电极传导电流并产生电弧，为焊接提供所需的热量，又在熔化后作为填充金属过渡到熔池。

2. 电焊条的组成

焊条主要由焊条中间的焊芯和焊芯外的药皮组成。图 2.1 所示为焊条实物图和结构图。

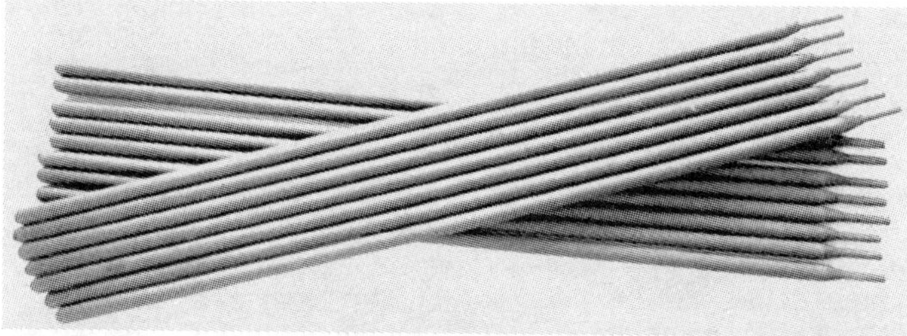

(a) 焊　条

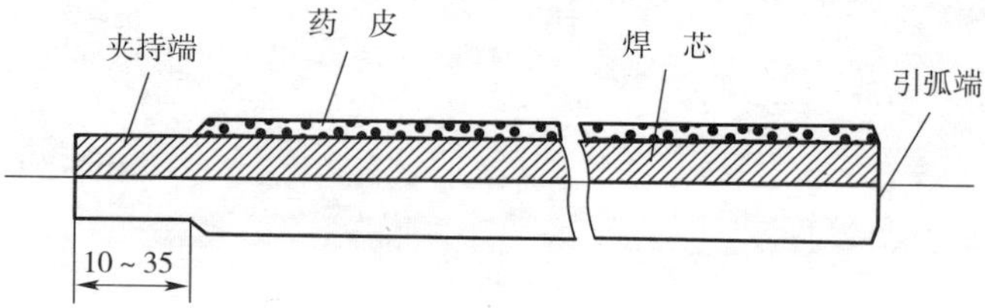

(b) 焊条的结构

图 2.1　焊条的实物图和结构图

2.2 焊芯的结构和主要元素

焊芯就是焊条中的金属芯，如图 2.2 所示。

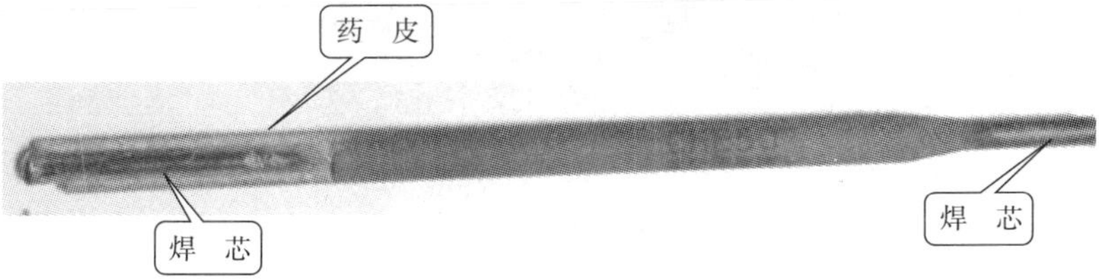

图 2.2 焊 芯

焊芯的作用是焊接时焊条端部与工件之间产生电弧并熔化为液体形成焊缝金属。

为保证焊缝的质量，焊芯中的各元素含量要有一定的限制，以保证焊接后各方面的性能不低于基本金属的性能。

下面简要介绍焊芯中所含的元素对钢材和焊接的影响。

1. 碳

碳是一种良好的脱氧剂。其化学符号为“C”。

含碳量较少时，钢的塑性增加、硬度降低。

含碳量增加时，钢的强度、硬度提高，耐磨性增强。

当含碳量过高时，钢的淬硬倾向、裂纹倾向增加。

2. 锰

锰是一种很好的合金剂，锰矿石如图 2.3 所示。其化学符号为“Mn”。

锰是一种灰白色、硬脆、有光泽的过渡金属，纯净的金属锰是比铁稍软的金属，含少量杂质的锰坚而脆，受潮容易氧化。

含锰量在 2% 以下时，随着含锰量的增加，钢的机械性能中强度和韧性也不断提高。钢中含有适量的锰，可提高钢的耐磨性和抗磁性能。

图 2.3　锰矿石

当锰含量超过 2% 以上时，会增加钢的淬火倾向。

锰是一种较好的脱氧剂：锰与氧结合会生成化合物氧化锰（MnO），可以减少焊缝中的含氧量。MnO 还可以提高熔渣的流动性。

锰也是一种很好的脱硫剂，锰与硫结合会生成化合物硫化锰（MnS），可以减少焊缝的热裂纹倾向。

3. 硅

硅是一种较好的合金剂，硅矿石外形如图 2.4 所示。其化学符号为“Si”。

图 2.4　硅矿石

硅也是常见的一种元素，然而它极少以单质的形式存在，而是以复杂的硅酸盐或二氧化硅的形式，广泛存在于岩石、砂砾、尘土之中。

硅可以提高钢的强度、弹性，但若含量过高会降低钢的塑性和韧性。

硅有较强的脱氧能力，硅与氧反应可以生成二氧化硅（SiO_2），但硅含量过多会使熔渣变黏稠，造成脱渣困难，使飞溅增大，降低焊缝的塑性。

4. 铬

铬是一种重要的合金元素。它可以配制合金钢、不锈钢，可以提高钢的硬度、耐磨性和耐腐蚀性。

铬的单质为钢灰色金属，如图 2.5 所示。其化学符号为“Cr”。

5. 硫

硫单质俗称硫黄，淡黄色晶体，如图 2.6 所示，其化学元素符号为“S”。它是一种有害杂质，会引起严重偏析，使钢的性质不均匀，使钢材出现分层，降低钢的耐腐蚀性。在焊接过程中形成硫化亚铁（FeS）的低熔点化合物，使焊缝形成热裂纹。

图 2.5　铬金属

图 2.6　硫 黄

6. 磷

磷是一种非金属元素，常见的有“白磷”“红磷”和“黑磷”，如图 2.7 所示。磷也是一种有害杂质，化学元素符号为“P”。它在焊缝中以磷化铁（Fe_2P、Fe_3P）的形式存在，大大降低了钢的机械性能，特别是降低了其冲击韧性。

图 2.7　红磷粉

2.3　常用焊芯的牌号

焊芯的牌号中的首字母用“H”，即“焊”字的汉语拼音第一个字母表示，其后的牌号表示方法与钢号表示方法相同。

表 2.1 所示为一些常用焊芯的牌号。对于焊芯的牌号，一般焊接作业人员做到了解即可。

表 2.1　常用焊芯的牌号

钢　种	牌　号	读　法
碳素结构钢	H08	焊 08
	H08A	焊 08 高
	H08Mn	焊 08 锰
	H15A	焊 15 高
合金结构钢	H10Mn2	焊 10 锰 2
	H08Mn2Si	焊 08 锰 2 硅
	H10MnSi	焊 10 锰硅
	H08MnMoA	焊 08 锰钼高
	H08Mn2MoVA	焊 08 锰 2 钼钒高
	H08CrMoA	焊 08 铬钼高
	H08CrNi2MoA	焊 08 铬镍 2 钼高

续表 2.1

钢 种	牌 号	读 法
不锈钢	H1Cr5Mo	焊 1 铬 5 钼
	H1Cr13	焊 1 铬 13
	H0Cr19Ni9	焊 0 铬 19 镍 9
	H0Cr19Ni9Ti	焊 0 铬 19 镍 9 钛
	H1Cr19Ni9Ti	焊 1 铬 19 镍 9 钛
	H1Cr25Ni13	焊 1 铬 25 镍 13
	H1Cr15Ni13Mn6	焊 1 铬 15 镍 13 锰 6

2.4 电焊条药皮

焊条药皮就是压涂在焊芯表面上的涂料层。也就是将许多组成物的混合物，经研磨搅拌后黏结在焊芯外面。

1. 焊条药皮的组成（按原材料的分类）

焊条药皮按原材料大体可分为四大类，具体内容如表 2.2 所示。

表 2.2 焊条药皮按原材料分类表

序 号	种 类	类 别	组成物	作 用
1	第一类	矿物类	大理石、石英石、白云石、萤石、金红石、花岗石、长石、钛铁矿、赤铁矿、钛磁铁矿、菱镁矿、锰矿、云母、高岭土、滑石、白泥	主要作用是造渣剂，还有其他不同的作用
2	第二类	铁合金及金属类	铁合金：锰铁、钛铁、硅铁、铬铁、钼铁、钨铁、钒铁、铝铁等	主要用于脱氧剂、合金剂
			金属类：铁粉、铝粉、金属锰、金属铬等	
3	第三类	有机物类	木粉、淀粉、糊精、面粉、纤维	主要是造气剂
4	第四类	化工产品	钛白粉、钾碱（碳酸钾）、碱面（苏打、碳酸钠）、钾硝石（硝酸钾）、高锰酸钾、固体水玻璃、液体钠水玻璃、液体钾水玻璃	用于稳弧，水玻璃还有黏结作用

焊条药皮的组成物，主要是供焊材研究人员或焊接技术人员参考。普通焊接操作人员只做到了解即可。

2. 焊条药皮的组成物及作用

焊条药皮的组成物包括：稳弧剂、造渣剂、造气剂、脱氧剂、合金剂、稀渣剂、黏结剂、增塑剂等8类，具体见表2.3。

表2.3 焊条药皮的组成物及作用

序号	药皮的组成物	主要作用	常用物质
1	稳弧剂	改善焊条引弧的性能和提高电弧的稳定性	碳酸钾、碳酸钠、水玻璃及大理石、花岗石、石灰石、长石、钛白粉等
2	造渣剂	形成具有一定化学性能和物理性能的熔渣，从而产生良好的冶金处理和机械保护作用	钛铁矿、赤铁矿、大理石、花岗石、萤石、长石，以及锰矿、钛白粉等
3	造气剂	形成保护气氛，并使熔滴顺利过渡	碳酸盐类矿石类和有机物两类。碳酸盐类矿石有：大理石、白云石、菱镁矿。有机物类有：木粉、淀粉、纤维素等
4	脱氧剂	对焊缝金属和熔渣进行脱氧	锰铁、硅铁、钛铁、铝铁、石墨等
5	合金剂	向焊缝金属中掺入一定数量的合金元素，保证焊缝的机械性能及化学性能	锰铁、钛铁、硅铁、铬铁、钼铁、钨铁、钒铁、铝铁、铝粉、金属锰、金属铬等
6	稀渣剂	增加熔渣的流动性，降低熔渣的黏度	萤石、长石、金红石、锰矿、钛铁矿、钛白粉
7	黏结剂	将药皮牢固的黏接在焊芯上	水玻璃或树胶之类的物质
8	增塑剂	改善涂料的塑性和滑性，使机器能将药皮顺利地压涂在焊芯上	云母、白泥、钛白粉等

3. 焊条药皮的类型

根据焊条药皮材料中主要成分的不同，焊条药皮可分为多种不同类型。手工电弧焊焊条的药皮主要分为8种类型，具体见表2.4。

表 2.4 焊条药皮的类型

序号	药皮类型	主要成分	主要特性	适用情况	使用电源
1	氧化钛型	氧化钛大于或等于 35%	引弧容易，熔深较浅，熔渣覆盖良好，脱渣容易，飞溅少，外观成形美观	适用全位置焊接，特别适用薄板焊接，短焊缝，断弧焊缝的焊接	交流或直流
2	氧化钛钙型	含 30% 以上的氧化钛和 20% 以下的钙或镁的碳酸盐矿石	焊条电弧较稳定，熔深一般，熔渣流动性好，飞溅少，成形美观	适用于全位置焊接	交流或直流
3	钛铁矿型	含有的钛铁矿大于或等于 30%	熔渣流动性良好，熔渣覆盖良好，脱渣容易，飞溅一般，焊波整齐，电弧稍强	适用于全位置焊接	交流或直流
4	氧化铁型	含有大量的氧化铁及较多的锰铁脱氧剂	焊条熔化速度快，焊接生产率较高，电弧稳定，引弧容易，熔深较深，飞溅稍多	适宜中厚度以上钢板的平焊及平角焊，立焊及仰焊操作性能较差，不适用于薄板，熔敷金属抗裂性较好	交流或直流正、反接
5	纤维素型	含有 15% 以上的有机物和 30% 左右的氧化铁	电弧强，熔深较深，熔化速度快，熔渣较少，脱渣容易，飞溅一般	适用于全位置焊接，特别是立焊和仰焊，也可进行向下立焊	交流或直流
6	低氢型	碳酸盐矿石和萤石	熔渣流动性好，工艺性能一般，不易操作，该类焊条具有良好的抗裂性能和机械性能	适用于全位置焊接	焊接电源为直流，但若在药皮中加入稳弧剂，也可使用交流电源
7	石墨型	含有较多石墨	采用低碳钢芯的石墨型药皮焊条，工艺性能较差，飞溅较多，烟雾较大，熔渣较少；采用有色金属芯的石墨型药皮的焊条，其焊接工艺性能较好，飞溅极少，熔深较浅，熔渣少，一般采用小规范焊接	低碳钢芯的石墨型药皮的焊条只适用于平焊。有色金属芯的石墨型药皮焊条，适用于全位置的焊接	交流或直流

续表 2.4

序号	药皮类型	主要成分	主要特性	适用情况	使用电源
8	盐基型	由氯化物和氟化物组成	熔点低，熔化速度快，工艺性能较差，熔渣具有一定的腐蚀性，焊后要仔细清除干净	适用于全位置焊接	直　流

2.5　电焊条的规格

电焊条的规格是以焊芯直径来表示的，常用的焊条规格见表 2.5。

表 2.5 电焊条的规格　　（单位：mm）

焊条直径		焊条长度	
基本尺寸	极限偏差	基本尺寸	极限偏差
1.6	± 0.05	200 ~ 250	± 2.0
2.0		250 ~ 350	
2.5			
3.2		350 ~ 450	
4.0			
5.0			
5.6		450 ~ 700	
6.0			
6.4			
8.0			

最常用的焊条直径有 ϕ2.5mm、ϕ3.2mm、ϕ4.0mm 三种。

2.6 电焊条的分类

一般焊条的分类及性能见表 2.6。

表 2.6 焊条的分类及性能

序号	焊条名称	主要性能
1	低碳钢和低合金高强度钢焊条（简称结构钢焊条）	熔敷金属在自然气候环境中具有一定的机械性能
2	钼和铬钼耐热钢焊条	熔敷金属具有不同程度的高温工作能力
3	不锈钢焊条	熔敷金属在常温、高温或低温中具有不同程度的抗大气或腐蚀性介质腐蚀的能力和一定的机械性能
4	堆焊焊条	用于金属表面层堆焊的焊条，其熔敷金属在常温或高温中具有一定程度的耐不同类型磨耗或腐蚀等性能
5	低温钢焊条	熔敷金属在不同的低温介质条件中，具有一定的低温工作能力
6	铸铁焊条	专用作焊补或焊接铸铁用
7	镍及镍合金焊条	用于镍及镍合金的焊接、焊补或堆焊。某些焊条可用于铸铁焊补、异种金属的焊接
8	铜及铜合金焊条	用于铜及铜合金的焊接、焊补或堆焊。某些焊条可用于铸铁焊补、异种金属的焊接
9	铝及铝合金焊条	用于铝及铝合金的焊接、焊补或堆焊

焊条分类及新旧标准对照见表 2.7，以方便读者使用。

表 2.7 焊条分类及新旧标准对照

序号	焊条名称	旧标准	焊条名称	新标准
1	碳钢焊条	GB/T 5117—1995	非合金钢及细晶粒钢焊条	GB/T 5117—2012
2	低合金钢焊条	GB/T 5118—1995	热强钢焊条	GB/T 5118—2012
3	不锈钢焊条	GB/T 983—1995	不锈钢焊条	GB/T 983—2012
4	堆焊焊条	GB/T 984—1985	堆焊焊条	GB/T 984—2001
5	铸铁焊条	GB/T 10044—1988	铸铁焊条及焊丝	GB/T 10044—2006
6	铜及铜合金焊条	GB/T 3670—1983	铜及铜合金焊条	GB/T 3670—1995

续表 2.7

序号	焊条名称	旧标准	焊条名称	新标准
7	铝及铝合金焊条	GB/T 3669—1983	铝及铝合金焊条	GB/T 3669—2001
8	镍及镍合金焊条	GB/T 13814—1992	镍及镍合金焊条	GB/T 13814—2008

另外，根据焊条药皮组成物所含氧化物的多少，我们可以把焊条分为酸性焊条和碱性焊条两大类。

酸性焊条：由于在氧化钛型、氧化钛钙型、钛铁矿型、氧化铁型及纤维素型焊条药皮中所含碱性物较少，所以一般将这类型药皮的焊条称为酸性焊条，焊接电源为交流、直流均可。常用的酸性焊条如 J422(E4303)。

碱性焊条（低氢型焊条）：焊条药皮中含有较多的大理石、萤石，其碱性较强，故称碱性焊条，又因这类药皮在焊接时产生的保护气体中含氢很少，因此又称低氢型焊条。焊接时采用直流电源。常用的碱性焊条如 J507(E5015)。

2.7　焊条型号的表示方法

1. 碳钢焊条

碳钢焊条型号是以国家标准（GB/T 5117—2012）为依据，来规定焊条的表示方法。焊条型号根据熔敷金属的力学性能、药皮类型、焊接位置、焊接电流种类、熔敷金属化学成分和焊后状态来划分。具体如图 2.8 所示。

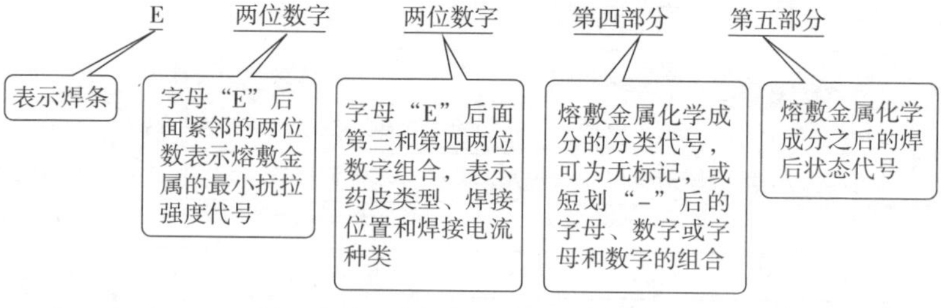

图 2.8　碳钢焊条型号表示方法

例如：

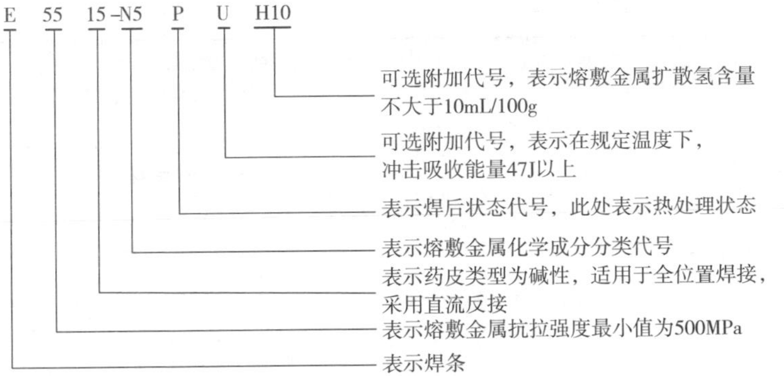

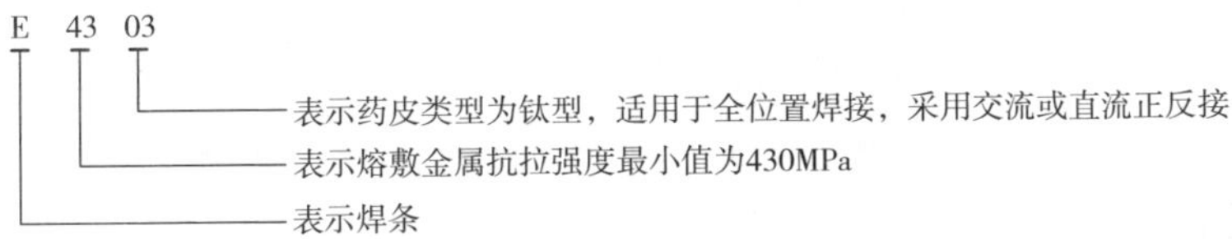

2. 热强钢焊条

根据国家标准（GB/T 5118—2012）规定，热强钢焊条是按熔敷金属的力学性能、化学成分、药皮类型、焊接位置及电流种类来划分型号，具体表示方法如图 2.9 所示。

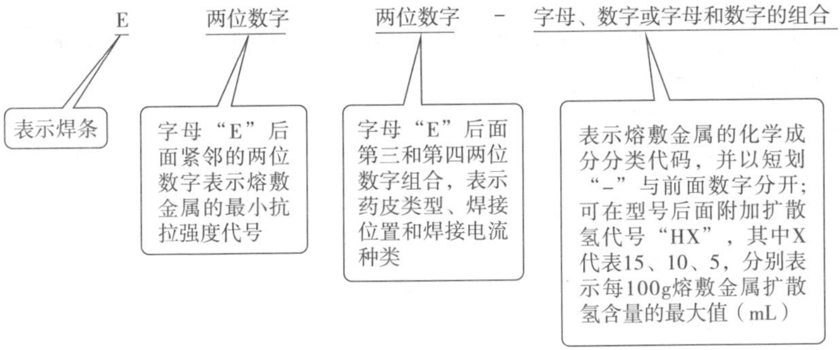

图 2.9 热强钢焊条

热强钢焊条熔敷金属化学成分分类如表 2.8 所示。

表 2.8　热强钢焊条熔敷金属化学成分分类

分类代号	主要化学成分的名义含量
-1M3	此类焊条中含有 Mo,Mo 是在非合金钢焊条基础上的唯一添加合金元素。数字 1 约等于名义上 Mn 含量两倍的整数，字母“M”表示 Mo，数字 3 表示 Mo 的名义含量，大约 0.5%
-XCXMX	对于含铬 - 钼的热强钢，标识“C”前的整数表示 Cr 的名义含量，“M”前的整数表示 Mo 的名义含量。对于 Cr 或者 Mo，如果名义含量少于 1%，则字母前不标记数字。如果在 Cr 和 Mo 之外还加入了 W、V、B、Nb 等合金成分，则按照此顺序，加于铬和钼标记之后。标识末尾的“L”表示含碳量较低。最后一个字母后的数字表示成分有所改变
-G	其他成分

例如：

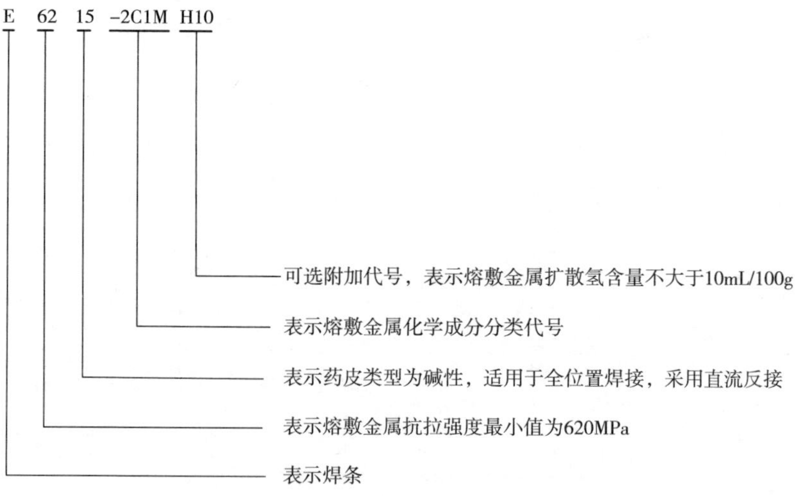

3. 不锈钢焊条

根据国家标准（GB/T 983—2012）的规定，不锈钢焊条是按熔敷金属的化学成分、药皮类型、焊接位置及焊接电流种类划分型号，具体表示方法如图 2.10 所示。

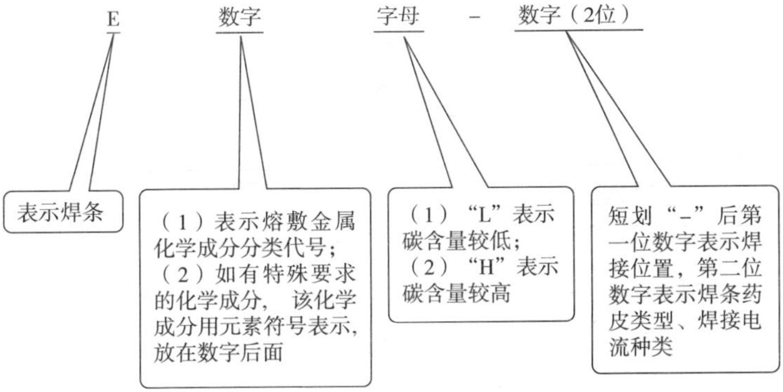

图 2.10　不锈钢焊条表示方法

焊接位置代号如表 2.9 所示。

表 2.9　焊接位置代号

代　号	焊接位置
–1	平焊、平角焊、仰角焊、向上立焊
–2	平焊、平角焊
–4	平焊、平角焊、仰角焊、向上立焊、向下立焊

药皮类型代号如表 2.10 所示。

表 2.10　药皮类型代号

代　号	药皮类型	电流类型
5	碱　性	直　流
6	金红石	交流和直流 *
7	钛酸型	交流和直流 **

*46 型采用直流焊接。

**47 型采用直流焊接。

例如：

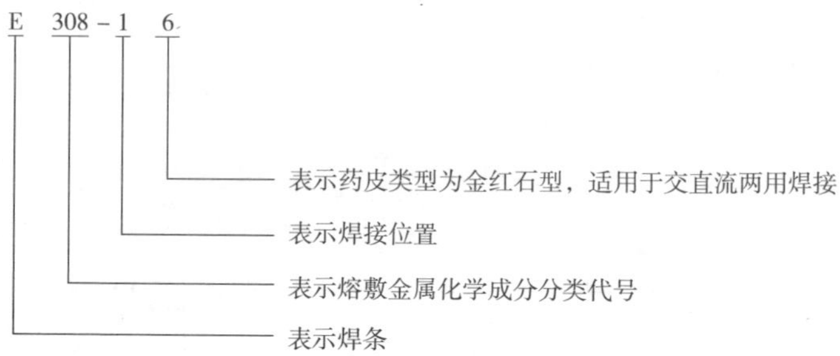

4. 铸铁焊条

依据国家标准（GB 10044—2006）的规定，铸铁焊条是根据熔敷金属的化学成分及用途来划分型号的。具体分类方法如图 2.11 所示。

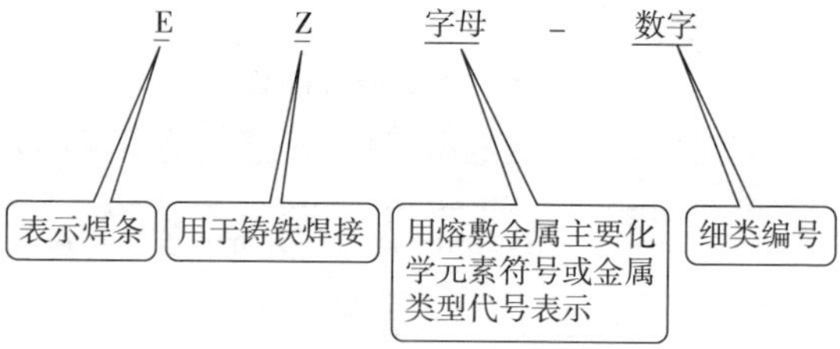

图 2.11　铸铁焊条分类方法

铸铁焊条的种类如表 2.11 所示。

表 2.11　铸铁焊条种类

序　号	类　别	名　称	型　号
1	铁基焊条	灰口铸铁焊条	EZC
2		球墨铸铁焊条	EZCQ
3	镍基焊条	纯镍铸铁焊条	EZNi
4		镍铁铸铁焊条	EZNiFe
5		镍铜铸铁焊条	EZNiCu
6		镍铁铜铸铁焊条	EZNiFeCu
7	其他焊条	纯铁及碳钢焊条	EZFe
8		高钒铸铁焊条	EZV

例如：

E Z C Q

- Q：表示熔敷金属中含有球化剂
- C：表示熔敷金属类型为铸铁
- Z：表示焊条用于铸铁焊接
- E：表示焊条

E Z NiFe - 1

- 1：表示细类编号为1
- NiFe：表示熔敷金属中主要元素为镍、铁
- Z：表示焊条用于铸铁焊接
- E：表示焊条

品　牌	飞机牌(上海名牌)
名　称	铸408铸铁镍铁电焊条
符　合	GB/T10044-2006 型号:EZNIFe-1
相　当	AWS A5.15-90　型号:ENIFe-CI
许可证号	XK06-009-0124
生产厂家	上海斯米克焊材有限公司
用　途	适用于常温或稍经预热（至200℃）灰口铸铁以及球墨铸铁的焊接，如气缸、发动机座、齿轮等。

2.8 焊条的储存与保管

为了防止焊条受潮变质、药皮脱落、错用焊条，所以焊条在存储与保管过程中要进行严格管理。

（1）焊条必须存放在干燥且通风良好的室内仓库，室内要清洁，不得有有害气体、腐蚀介质或其他杂物。

（2）焊条存储库房内，应设有温湿度表（图 2.12），安装空调及除湿机（图 2.13），根据监测的温度，及时进行调控温度或进行除湿。低氢型焊条室内温度不低于 5℃，相对湿度低于 60%。

图 2.12　温湿度表

图 2.13　除湿机

（3）焊条存放在货架上，焊条距离地面的高度及离开墙壁的距离不小于 300mm，防止焊条受潮变质（图 2.14）。

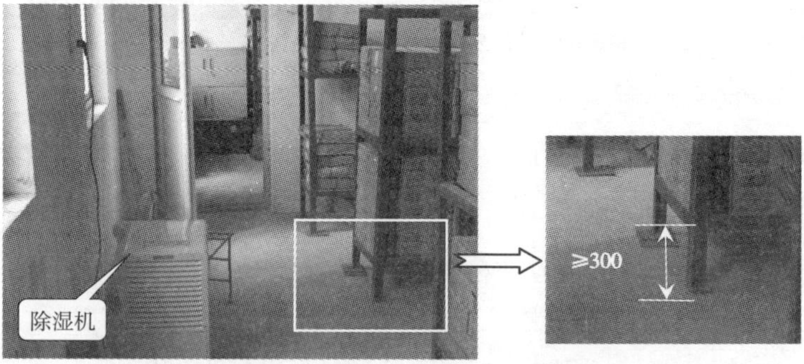

图 2.14　焊条距离地面的高度及离开墙壁的距离

（4）焊条应按种类、牌号、批次、规格、入库时间分类码放，并有明确的标识、标注、标码，防止混淆（图 2.15）。

图 2.15 焊条应分类码放

（5）焊条发放应做到先入库的先使用。

（6）特种焊条的储存与保管应严于一般焊条，特种焊条应堆放在专用仓库或指定区域。

（7）对于受潮变质，焊芯生锈的焊条必须经过烘干后，进行质量评定，若各项性能指标满足要求方可使用。

（8）使用时，一般焊条一次出库量不要超过半天用量，已经出库的焊条，焊工必须要保管好。

（9）长时间存放及不使用的焊条，在发放前应重新进行各种性能试验，符合要求方可发放使用，否则不准出库。

（10）焊条保管要有专人负责，焊条入库、出库，应做好记录。

2.9 焊条的选用原则

1）根据焊件材料的化学成分和力学性能

（1）结构钢。应按焊件的强度等级选用相应的焊条，应注意的是，焊缝强度不能过高于焊件的强度，否则有害无益。对不要求焊缝与焊件等强的接头，应选用抗拉强度低的焊条。

（2）耐热钢和不锈钢。应从保证焊接接头的特殊性能出发，要求焊缝金属的主要合金成分与焊件金属相同或相近。

2）根据焊件的工作条件和使用性能

（1）焊件的工作条件在动载荷、冲击载荷或高温高压情况时，选用的焊条除保证抗拉强度外，对冲击韧性和延伸率也应有较高的要求，因此应采用碱性低氢型焊条。

（2）接触腐蚀介质的焊件，应根据介质的性质及腐蚀特征，选用相应的不锈钢焊条或其他耐腐蚀焊条。

（3）在高温或低温条件下工作的条件，应选用相应的耐热钢或低温钢焊条。

3）根据焊件的结构特点

（1）几何形状复杂、厚度大的焊件，因其刚性大，焊缝金属冷却收缩时受阻较大，会产生很大的内应力，容易产生裂缝，所以必须选用抗裂性较好的焊条。

（2）对受条件限制不能翻转的焊件，有些焊缝处于非平焊位置，应选用全位置焊接焊条。

（3）受某种条件限制，无法清理坡口污物时，可采用对铁锈、氧化皮和油脂敏感性较小的酸性焊条。

4）根据施工现场的设备情况

（1）在没有直流焊机的情况下，应选用适用于交流电源或交直流两用的稳弧低氢钾型焊条。

（2）焊前需要预热或焊后热处理的焊件，可采用特殊性能焊条，以弥补无加热条件的不足。

5）根据劳动条件，生产率和经济性

（1）在满足机械性能和操作性能的前提下，适当选用效率较高的焊条。

（2）在满足使用性能要求前提下，选用价格较低的焊条。

2.10 焊条使用时的注意事项

1. 焊条的烘干

烘干目的：在焊条出厂时，所有的焊条都有一定的含水量，它根据焊条的型号不同而不同。焊条出厂时具有含水量是正常的，对焊缝质量没有影响。但是焊条在存放时会从空气中吸收水分，在相对湿度较高时，焊条涂料吸收水分很快。普通碱性焊条裸露在外面一天，受潮就很严重。生产中使用受潮的焊条是很不利的，不仅会使焊接工艺性能变差，而且也影响焊接质量，容易产生氢致裂纹、气孔等缺陷，造成电弧不稳定、飞溅增多、烟尘增大等不利影响。因此，焊条（特别是低氢型碱性焊条）在使用前必须烘干。

烘干温度和时间：不同焊条品种要求不同的烘干温度和保温时间。在各种焊条的说明书中对此均作了规定（图 2.16），这里介绍通常情况下，碳钢焊条的再烘干温度和时间。

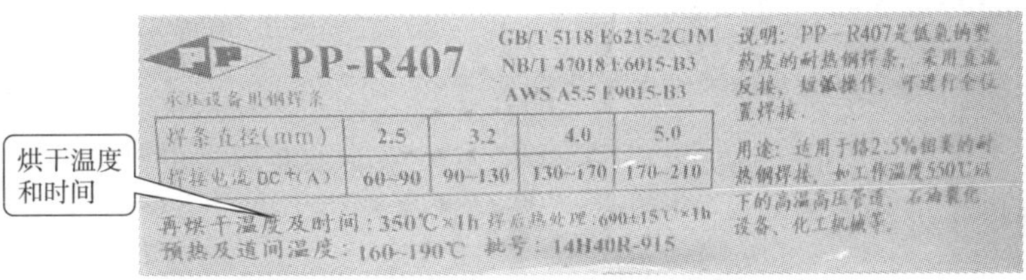

图 2.16 焊条烘干温度和时间

酸性焊条：酸性焊条药皮中，一般均有含结晶水的物质和有机物，再烘干时，应以除去药皮中的吸附水，而不使有机物分解变质为原则。因此，烘干温度不能太高，一般规定为 75 ~ 150℃，保温 1 ~ 2 h。

碱性焊条：由于碱性焊条在空气中极易吸潮，而且在药皮中没有有机物，在烘干时更需去掉药皮中矿物质中的结晶水。因此烘干温度要求较高，一般需 350 ~ 400℃，保温 1 ~ 2 h。

2. 烘干方法及要求

（1）焊条烘干应放在正规的远红外线烘干箱内进行烘干，不能在炉子上烘烤，也不能用气焊火焰直接烧烤。

（2）烘干焊条时，禁止将焊条直接放进高温炉内，或从高温炉中突然取出冷却，以防止焊条因骤冷骤热产生药皮开裂脱落问题。应缓慢加热、保温、再缓慢冷却。经烘干的碱性焊条应进行恒温或放入另一个温度控制在 80 ~ 100℃的低温烘箱内存放，随用随取。

（3）烘干焊条时，焊条不应成垛或成捆地堆放，应铺成层状，ϕ4mm 焊条不宜超过三层，ϕ3.2 mm 焊条不宜超过五层。否则，焊条叠起太厚造成温度不均匀，局部过热而使药皮脱落，而且也不利于潮气排除。

（4）焊条烘干一般可重复两次。据有关资料介绍，对于酸性的碳钢焊条重复烘干次数可以达到 5 次，但对于酸性焊条中的纤维素型焊条以及低氢型的碱性焊条，则重复烘干次数不宜超过 3 次。

（5）焊条烘烤应做好标识，防止烘烤或发放错误。

（6）每次烘烤应做好记录，记录表应包括牌号、批号、烘烤温度、烘烤时间、烘烤次数等内容。

3. 焊条的外观检查

为了保证焊缝的质量，碳钢焊条在使用前须对焊条的外观进行检查以及烘干处理。

对焊条进行外观检查是为了避免由于使用了不合格的焊条，而造成焊缝质量的不合格。外观检查包括：

（1）偏心。是指焊条药皮沿焊芯直径方向偏心的程度，如图 2.17 所示。焊条若偏心，则表明焊条沿焊芯直径方向的药皮厚度有差异。这样，焊接时焊条药皮熔化速度不同，无法形成正常的套筒，因而在焊接时产生电弧的偏吹，使电弧不稳定，造成母材熔化不均匀，影响焊缝质量。因此应尽量不使用偏心的焊条。

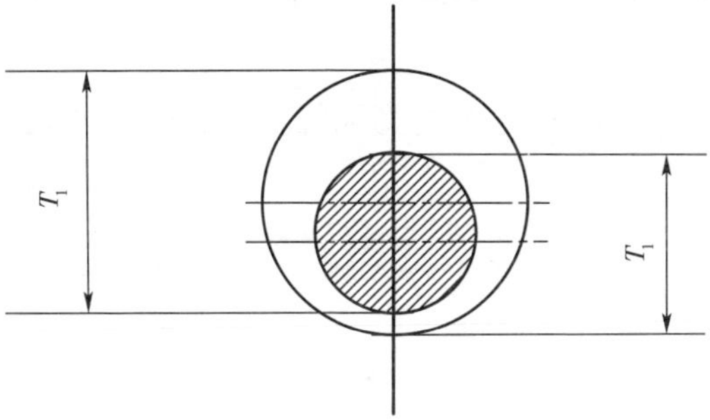

图 2.17 焊缝偏心

焊条的偏心度可用下面公式计算：

$$焊条偏心度 = \frac{T_1 - T_2}{(T_1 + T_2)/2} \times 100\%$$

式中，T_1——焊条断面药皮最大厚度 + 焊芯直径，mm；

T_2——同一断面的药皮层最小厚度 + 焊芯直径，mm。

根据国家标准的规定：

① 直径不大于 ϕ2.5mm 焊条，偏心度不应大于 7%；

② 直径为 ϕ3.2 mm 和 ϕ4mm 焊条，偏心度不应大于 5%；

③ 直径不小于 ϕ5mm 焊条，偏心度不应大于 4%。

（2）锈蚀。是指焊芯是否有锈蚀的现象。一般来说，若焊芯仅有轻微的锈迹，基本上不影响性能。但是如果焊接质量要求高时，就不宜使用。若焊条锈迹严重就不宜使用，至少也应降级使用或只能用于一般结构件的焊接。

（3）药皮裂纹及脱落。药皮在焊接过程中起着很重要的作用，如果药皮出现裂纹甚至脱落，则直接影响焊缝质量。因此，对于药皮脱落的焊条，则不应使用。

（4）焊条领用时，先核对领用的焊条是否与母材相匹配。

（5）将烘烤好的焊条放入保温桶内，到达使用现场后及时接通电源，使焊条恒温在 100 ~ 150℃，做到随用随取。还可放入一些硅胶，以免焊条再次受潮。注意每次领用的焊条不可过多，防止过剩的焊条受潮。

（6）焊接结束后，将焊条及时交回焊材库，分类放入烘干箱。

第 3 章

手工电弧焊设备

手工电弧焊的焊接电源，按焊接电流的种类不同可分为交流弧焊电源、直流弧焊电源和逆变弧焊电源。

3.1　交流弧焊电源

交流弧焊电源实质上是一个降压变压器，与普通电力变压器不同之处在于：为了保证电弧引燃并能稳定燃烧和得到陡降的外特性，弧焊变压器必须具有较大的漏抗，而普通变压器的漏抗很小，在结构上，弧焊变压器是在电力变压器基础上增加一个电抗器就可以了。根据电抗器与变压器结合方式和电抗器本身的结构特点，以及获得下降外特性的方法，弧焊变压器有以下类型。图 3.1 所示为交流弧焊电源接线图。

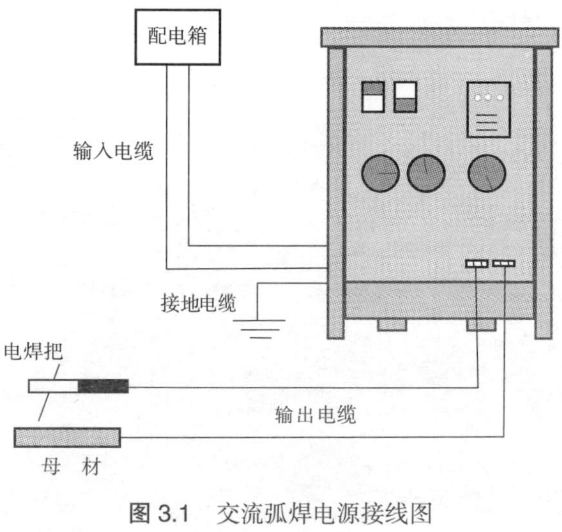

图 3.1　交流弧焊电源接线图

1. 动铁心式弧焊变压器

国产动铁心式弧焊变压器主要是 BXl 系列，包括 BXl-330、BX1-500 等型号。

它是一台具有 3 只铁心柱的单相漏磁式降压变压器，其中两边为固定铁心 1，中间为动铁心 2。一、二次绕组各自分开绕在变压器铁心 1 上，两者之间相距 B，如图 3.2 所示。由图 3.2 可知，一、二次绕组耦合不紧密，漏磁较多，加之，两者之间动铁心 2 构成的磁分路，减少了漏磁磁路的磁阻，从而使漏磁进一步增强。铁心 2 可在铁心 1 的窗口内进出移动（在图中是垂直于纸面移动），故称动铁心式。

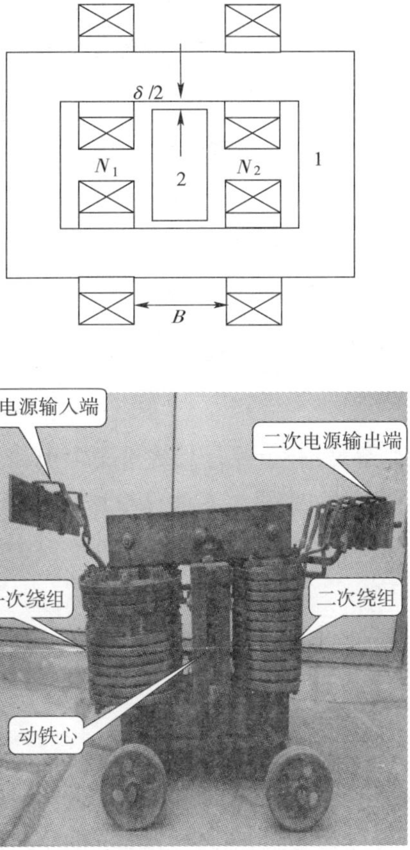

图 3.2　动铁心式弧焊变压器内部结构

弧焊变压器的下降特性是借助动铁心的增强漏磁作用获得的。

空载时，由于无焊接电流通过，形成较高空载电压，其大小与一、二次绕组匝数比（N_2 / N_1）及耦合系数有关。焊接时，二次绕组有焊接电流流过，漏磁增加，相应漏抗增大，从而使次级输出电压下降，获得下降的外特性。短路时，电弧电压为零，空载电压完全降在漏抗上，也就是漏抗限制了短路电流。

焊接电流的调节，这种弧焊变压器是借助改变铁心位置进行焊接电流调节的。当转动手柄使动铁心移出时，铁心间空气隙长度增大而截面积减小，磁阻增大，漏抗减小，且一、二次绕组耦合系数增大，从而使空载电压升高，焊接电流增大，反之，则使空载电压降低，焊接电流减小。图 3.3 中的 U_y 是电弧的外特性曲线，U_f 是电弧的静特性曲线，为了保证电弧的稳定燃烧，电弧的外特性曲线和静特性曲线需要相交在 A 点、B 点，当电弧出现干扰时 A 点不保证电弧的稳定性，而 B 点能保证电弧的稳定性，所以 B 点也就是电弧燃烧的稳定工作点，如图 3.3 所示。

这类弧焊变压器的结构简单、容易制造，也容易维修，但由于有两个空气隙，附加损耗较大，故适合制作成中小容量的焊机。

2. 同体式弧焊变压器

这种弧焊变压器是由一个变压器和一个电抗器组合一体而成的，如图 3.4 所示。上部是电抗器，下部是变压器，两者共用中间的磁轭，所以称为同体式。这种弧焊变压器的上下部既有电的联系，又有磁的联系。

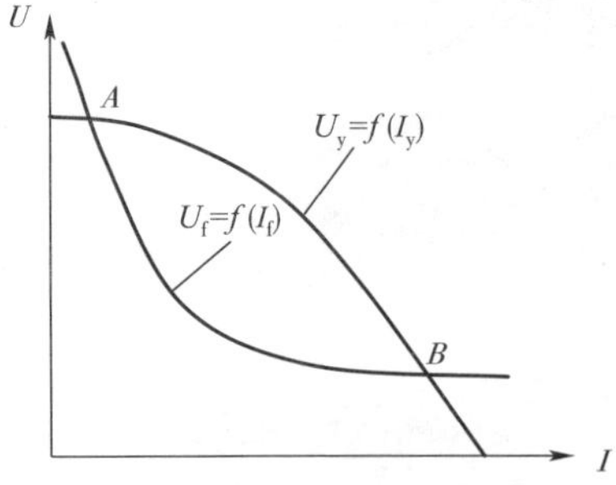

图 3.3　电源 - 电弧系统工作状态图

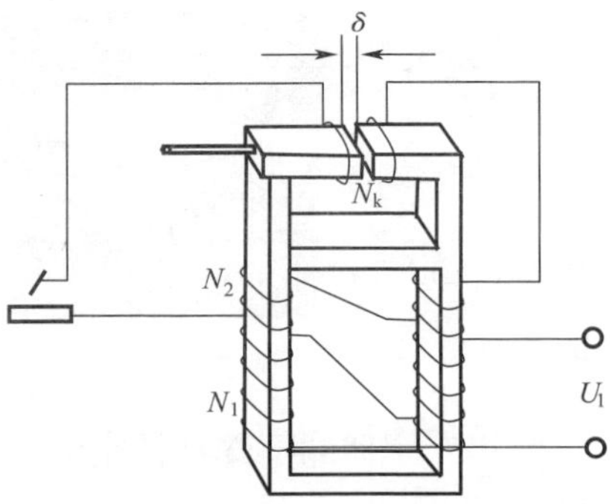

图 3.4　同体式弧焊变压器结构示意图

在变压器的铁心上绕有三个绕组。一次绕组及二次绕组绕在铁心下部的心柱上，而电抗绕组绕在上部有间隙的铁心上，与二次绕组串联，并按反方向连接。

弧焊变压器的下降特性是借助电抗绕组所产生的电压降而获得的。空载时，由于无焊接电流流过，电抗绕组中不产生电压降，因此，空载电压基本上等于二次电压。焊接时，由于焊接电流通过电抗绕组而产生电压降，使输出电压降低，从而获得下降的外特性。BX-500 型弧焊变压器外特性曲线，如图 3.5 所示。短路时，由于很大的短路电流通过电抗绕组，产生很大电压降，使弧焊变压器的输出电压接近于零，因此也限制了短路电流。

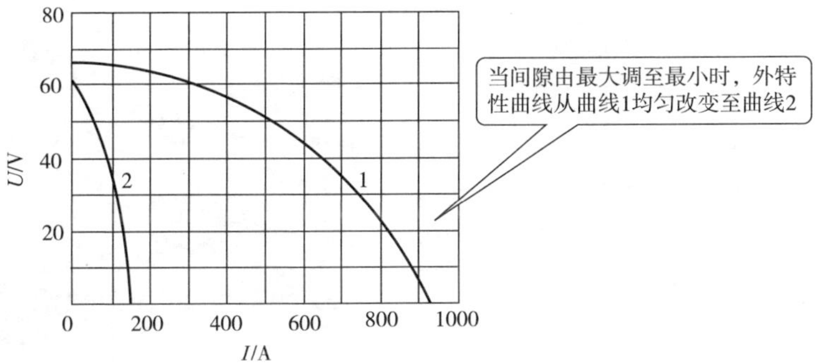

图 3.5 BX-500 型弧焊变压器外特性曲线

焊接电流的调节，这种弧焊变压器是利用移动上部可动铁心来改变与固定铁心的间隙，从而改变漏磁来实现焊接电流的调节。当顺时针方向转动手柄时，两铁心的间隙增大，电抗绕组漏抗减少，因此绕组上压降减小，焊接电流增大，当逆时针转动手柄时，铁心间隙减小，使焊接电流减小。当间隙由最大调至最小时，外特性曲线从图 3.5 中曲线 1 均匀改变至曲线 2。

这类弧焊变压器结构紧凑，省材料，由于小电流焊接时电弧不够稳定，故宜制作成大中容量的电源。

国产同体式弧焊变压器系列：BX 系列有 BX-500 型，用于手工电弧焊，靠手摇传动机构调节焊接电流。BX2 系列有 BX2-500、BX2-700、BX2-1000 和 BX2-2000 型，用于埋弧焊。

3. 动圈式弧焊变压器

动圈式弧焊变压的结构如图 3.6 所示。它的铁心高而窄，在两侧心柱上都套有一次绕组和二次绕组。一次绕组在二次绕组下方且固定不动，借助手把可令二次绕组沿铁心柱上下移动，以改变其与一次绕组之间的距离 δ_{12}。由于铁心窗口较高，δ_{12} 可调节范围较大，这种结构使一次与二次绕组之间磁的耦合不紧密，而有很强的漏磁，由此所产生的漏抗即可获得下降外特性。这种弧焊变压器也属于增强漏磁式的。

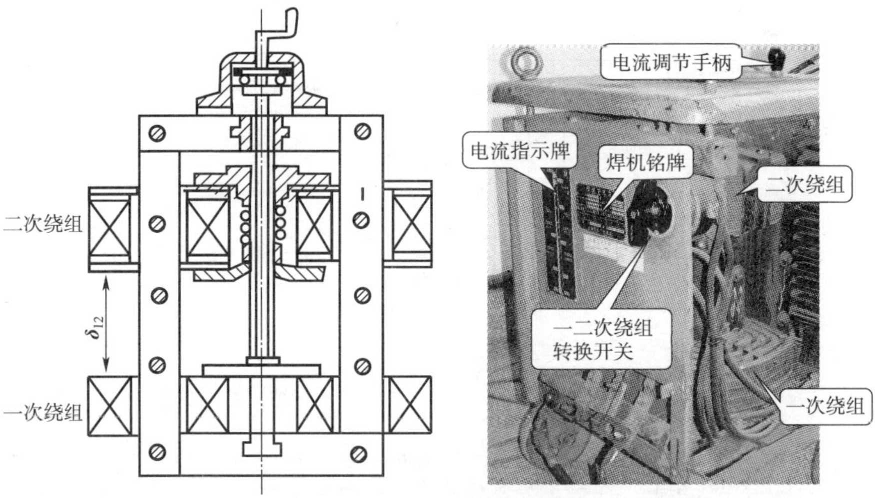

图 3.6　动圈式弧焊变压器的结构

空载时，空载电压不仅决定于一次与二次绕组匝数之比，而且与一、二次绕组之间耦合系数有关。当一、二次绕组之间距离增大时，耦合系数减小，反之减小时，其耦合系数增大。所以当一、二次绕组之间距离变化时，空载电压将有 3% ~ 5% 的变化。焊接时，除一次绕组外，二次绕组也产生了漏磁，因而总漏抗增大，使输出电压下降，从而获得下降外特性。短路时，电弧电压等于零，这时要靠总漏抗限制短路电流。

焊接电流的调节，这种弧焊变压器调节焊接电流的方式有两种：一是改变两绕组之间距离以进行均匀调节，即增大时，焊接电流减小，减小时，焊接电流增大。由于变压器铁心窗口高度的限制，焊接电流的下限不可能很小，即焊接电流调节范围较窄。二是改变二次绕组匝数进行有级调节。这两种方式配合使用，既扩大了调节范围，又可实现焊接电流的均匀调节。

这类弧焊变压器的优点是没有活动铁心，因而没有由于铁心振动而造成的小电流焊接时的电弧不稳现象。缺点是电流调节下限受到铁心高度限制，因而只适用于中等容量，消耗的电工材料较多，经济性较差。

国产动围式弧焊变压器属 BX3 系列，有 BX3-120、BX3-300、BX3-500 等型号。

3.2 直流弧焊电源

直流弧焊电源分为两大类，一类是弧焊发电机，一类是弧焊整流器。弧焊发电机由于耗电量大，费材料以及噪声大等缺点现已属淘汰产品。直流弧焊电源接线图如图 3.7 所示。

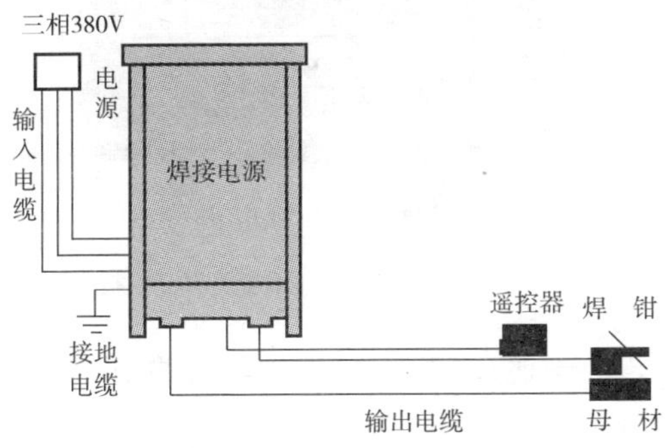

图 3.7 直流弧焊电源接线图

1. 硅弧焊整流器

整流器通常都采用三相整流电路，主要由主变压器、饱和电抗器、硅整流器组、输出电抗器、通风机组以及控制系统等组成。

主变压器：它的作用是降压，把三相 380V 电压降至所要求的空载电压。

饱和电抗器：可以是交流电抗器或磁放大器（磁饱和电抗器）。当主变压器为增强漏磁式或要求得到平外特性时，则可不用电抗器。它是用以控制外特性形状并调节焊接电流的。

整流器组：它的作用是把三相交流电整流成直流电，常采用三相桥式电路，供焊接使用。

输出电抗器：它是接在直流焊接电路中的直流电感（由带空隙的铁心和线圈组成），其作用主要是改善和控制动特性以及滤波。

这类弧焊电源中常用于手工电弧焊的焊机型号有 ZXG-300、ZXG-400 等。ZXG-500 焊机的外形图如图 3.8 所示。

图 3.8　ZXG-500 焊机的外形图

硅弧焊整流器的组成如图 3.9 所示。也有无电抗器的硅弧焊整流器，这类弧焊整流器由于主变压器是增强漏滋的，因而不用外加电抗器即可获得下降外特性并调节焊接工艺参数。

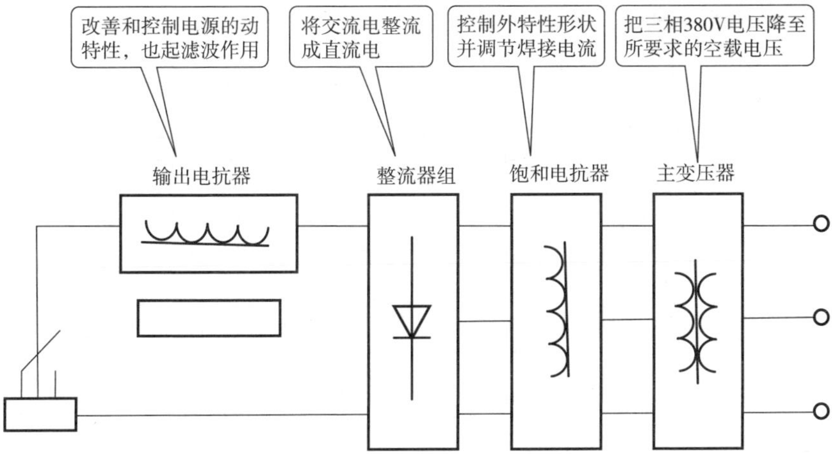

图 3.9　硅弧焊整流器的组成

2. 晶闸管式弧焊整流器

晶闸管式弧焊整流器用晶闸管作整流元件，它的组成如图3.10所示。其主电路由变压器 T，晶闸管整流器 VT 和输出电感 L 组成。当要求得到下降外特性时，触发脉冲的相位由给定电压 U_{gi} 和电流反馈信号 U_{fi} 确定；当要求得到平外特性时（用作 CO_2 气体保护焊电源），触发脉冲相位则由给定电压 U_{gu} 和电压反馈信号 U_{fu} 确定。由于晶闸管具有良好的可控性，因此，焊接电源外特性的控制，焊接工艺参数的调节，都可以通过改变晶闸管的导通角来实现，不需要电抗器。它的性能优于硅弧焊整流器。目前已成为一种主要直流弧焊电源。我国生产的晶闸管式弧焊整流器有 ZX5 系列和 ZDK-160、ZDK-500 型等。

晶闸管式弧焊整流器有以下特点：

（1）控制性能好。由于它可以用很小的触发功率控制整流器的输出，且电磁惯性小，因而易于控制；通过不同的反馈方式可以获得各种形状外特性，电流、电压可以在很宽范围内均匀，精确、快速地调节，易于实现电网电压补偿。

（2）动特性好。由于它的内部电感小，因此电磁惯性小，反应速度快。节能、省料、噪声小。

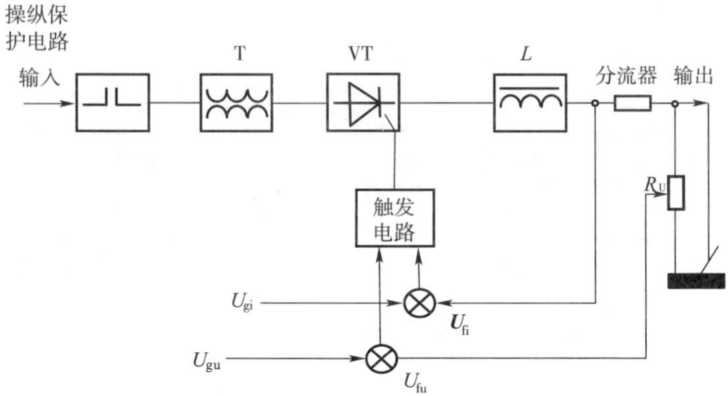

图 3.10　晶闸管式弧焊整流器的组成

3.3　弧焊逆变器

弧焊逆变器是一种新型的弧焊电源，于 20 世纪 80 年代初面市。图 3.11 所示为晶闸管式弧焊逆变器的原理图。单相或三相 50Hz 的交流网路电压先经输入整流器整流和滤波转变成直流电，再通过大功率开关电子元件（本图为晶闸管，也可用晶体管或场效应管）的交替开关作用，变为几百赫或几十千赫的中频交流电，后经变压器降至适合于焊接的几十伏电压。若直接输出，此逆变器便是交流电源；若再用输出整流器整流并经电抗器滤波，则可输出适于焊接的直流电，此逆变器便是直流电源。

弧焊逆变器采用了较复杂的变流顺序，这就是：工频交流→直流→中频交流→降压→交流或直流。主要思路是将工频交流变为中频交流之后再降至适于焊接的电压，这样做可以带来许多好处，即重量轻、体积小，高效节能，具有良好的动特性和焊接工艺性能。

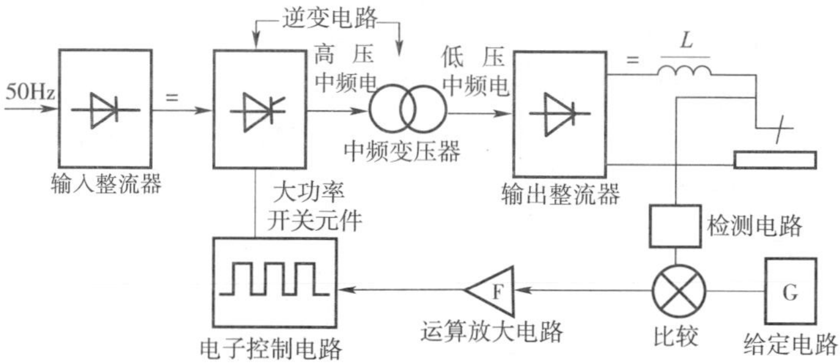

图 3.11　晶闸管式弧焊逆变电源的组成

现在最常用的是 IGBT 逆变弧焊变压器，如图 3.12 所示。

图 3.12　IGBT 逆变弧焊变压器

第4章

焊条电弧焊
常用工具及焊接防护具

4.1　焊接面罩与焊接滤光片

1. 焊接面罩

焊接面罩就是焊接工人在焊接时用于保护焊工面部不受辐射、烘烤，并且保护眼睛、防止大量有害烟尘进入人体肺部的一种防护工具。

焊接面罩可分为头戴式面罩、手持式面罩、安全帽与面罩组合式三种。

手持式面罩是最常用的一种面罩，如图 4.1 所示。这种面罩价格便宜，适应性强，使用广泛。其缺点是因焊接时必须一手抓拿面罩、一手抓焊把，手的稳定性不好，引弧时容易对焊接质量产生一定的影响。为了便于双手拿焊把焊接，或手工钨极氩弧焊时方便双手焊接，可以用不锈钢焊丝等材料制作一个叼嘴安装在面罩内。

头戴式面罩具有佩戴容易、气密性较好、使用简单，以及焊接时不用手拿焊帽的特点，如图 4.2 所示。这样焊接电弧焊时可以双手抓焊枪，有利于增加焊接时的稳定性。手工钨极氩弧焊时可以一手送丝，一手拿焊枪，保证焊接操作顺利完成。其缺点是头部感觉不适，视野范围受到一定影响。

图 4.1　手持式面罩

图 4.2　头戴式面罩

头戴式可变光面罩采用 LCD 光电控制技术，明、暗度可根据焊接方式自动调整，透过黑玻璃的弧光强弱可以根据个人需要自由调节，保证在焊接前清晰观察部位，防止焊接时划伤母材，同时也能准确找到接头部位，如图 4.3 所示。

安全帽与面罩组合式面罩，顾名思义就是将安全帽与防护面罩组合起来，可适用于多种焊接工作，如图 4.4 所示。

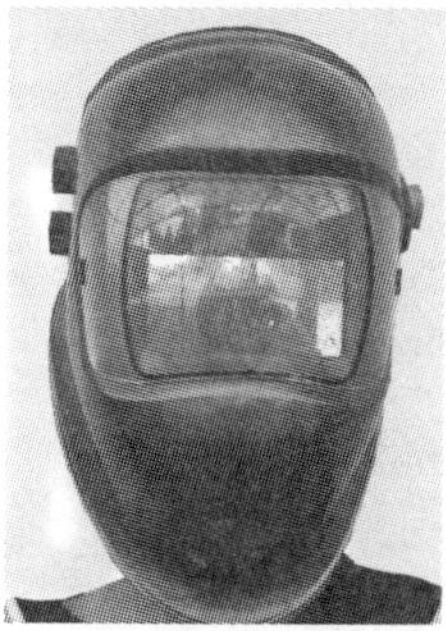

图 4.3 头戴式可变光面罩

图 4.4 安全帽与面罩组合式面罩

2. 焊接滤光片

焊接滤光片俗称黑玻璃，其主要作用是过滤红外线、紫外线和可见光，防止焊工眼睛受到伤害。遮光号是表示滤光片暗度的编号，共有 19 个滤光片遮光号。常用的遮光号有 7 号、8 号、9 号、10 号、11 号、12 号、13 号、14 号。7 号、8 号适用于 30 ~ 75A 的电弧作业；9 号、10 号、11 号适用于 75 ~ 200A 的电弧作业；12 号、13 号适用于 200 ~ 400A 的电弧作业；14 号适用于 400A 以上的电弧作业。

遮光号的大小主要根据个人的眼睛视力情况，参考焊接电流来选择。

滤光片的使用方法：一般在滤光片的正反两面均覆盖一层白玻璃，用胶布粘贴缠绕包裹固定，再在最外侧放置一块白玻璃，可以有效防止焊渣飞溅到滤光片上，同时起到隔热作用，保护滤光片（黑玻璃）不会受到焊接高温影响而突然爆裂。滤光片的使用方法如图 4.5 所示。

(a) 准备好白玻璃和滤光片

(b) 把滤光片夹在白玻璃中间

(c) 把滤光片和白玻璃用胶布包裹严实

(d) 安装白玻璃

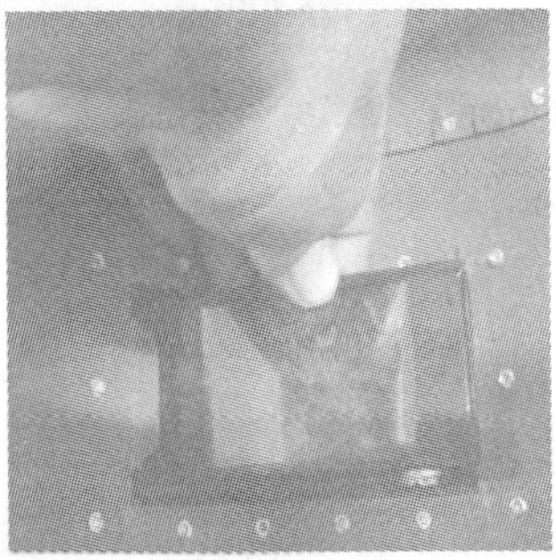

(e) 安装滤光片

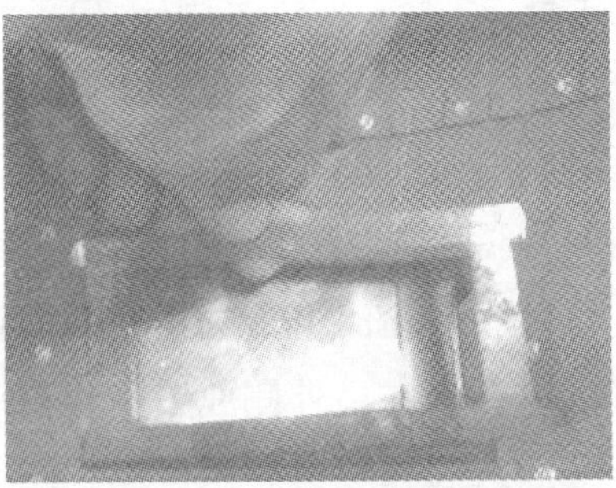

(f) 将包裹好的黑玻璃嵌入

图 4.5　滤光片的使用方法

4.2 焊　钳

1. 焊钳的组成

焊钳俗称焊把，其作用是传导电流和夹持焊条，如图 4.6 所示。

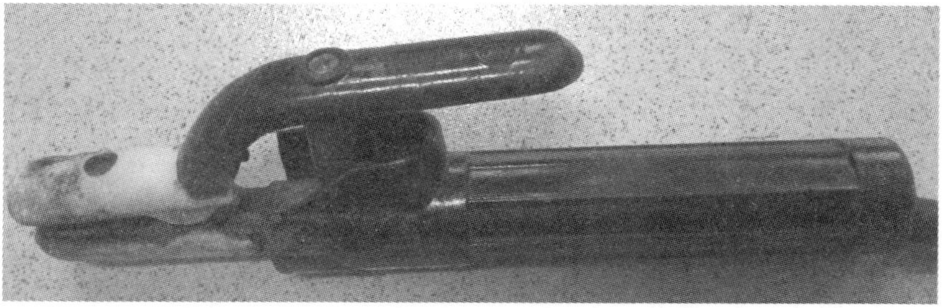

图 4.6　焊　钳

焊把由钳口、钳口罩壳、固定销、弯臂罩壳、弯臂、直柄、弹簧、胶木手柄、焊接电缆固定处等部件组成，如图 4.7 所示。

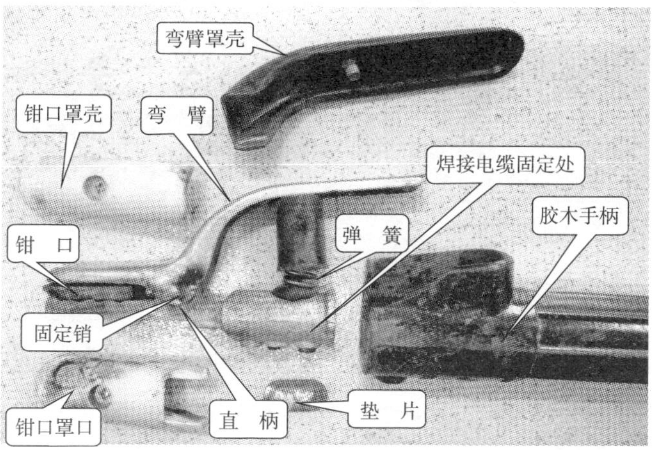

图 4.7　焊把的组成

2. 焊钳的安装

第一步，根据焊把电缆固定处的孔洞长度剥去线缆外表的塑料胶皮，剥去胶皮的长度为焊把电缆固定处孔洞长度的 1 ~ 2 倍，如图 4.8 所示。

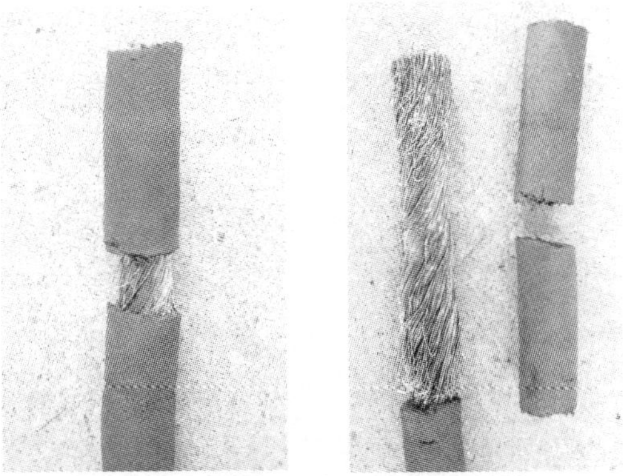

图 4.8　剥去线缆外表的塑料胶皮

第二步，将焊接电缆从胶木手柄内穿入，注意胶木手柄方向，不可穿反，见图 4.9。

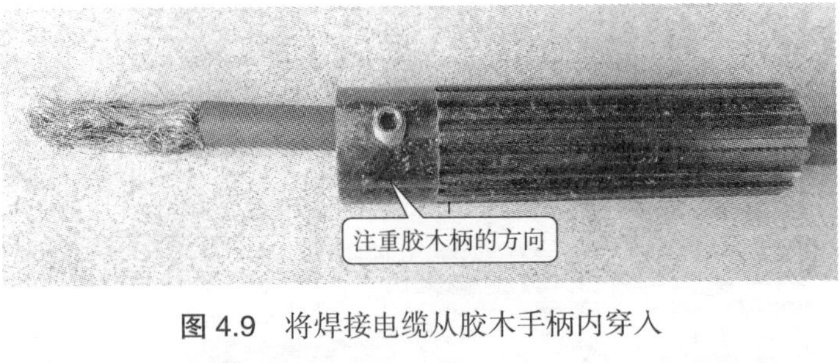

图 4.9　将焊接电缆从胶木手柄内穿入

第三步，可将焊接电缆内的铜导线折回，插入焊钳电缆固定处的孔内，要填满孔洞，将多余的铜丝剪除，见图 4.10。

第四步，将垫片塞入焊把电缆固定处，若还有一定空间，可以将焊条头一端磨尖，一并塞入焊把电缆固定处，并将固定螺丝紧固，见图 4.11。

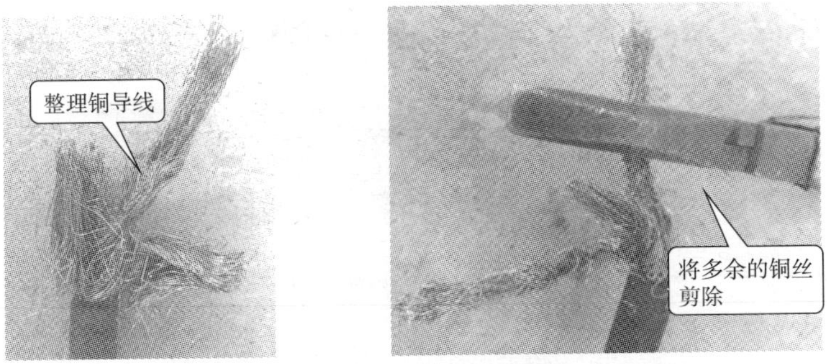

图 4.10 处理多余的铜丝

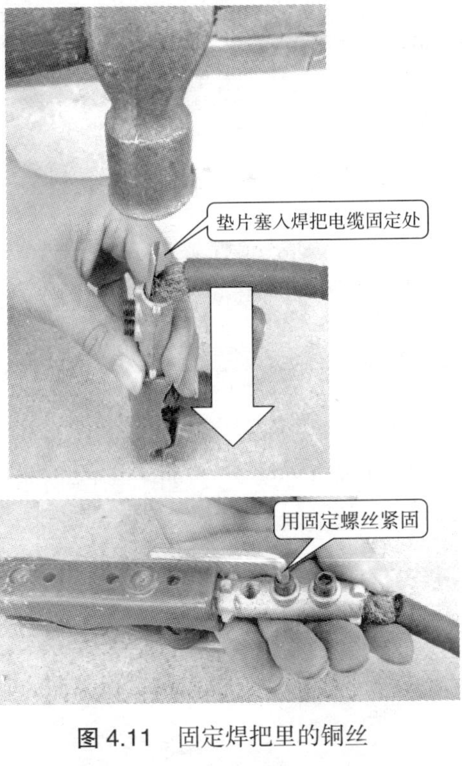

图 4.11 固定焊把里的铜丝

第五步，将各个连接处的螺钉紧固，越紧越好，见图 4.12。

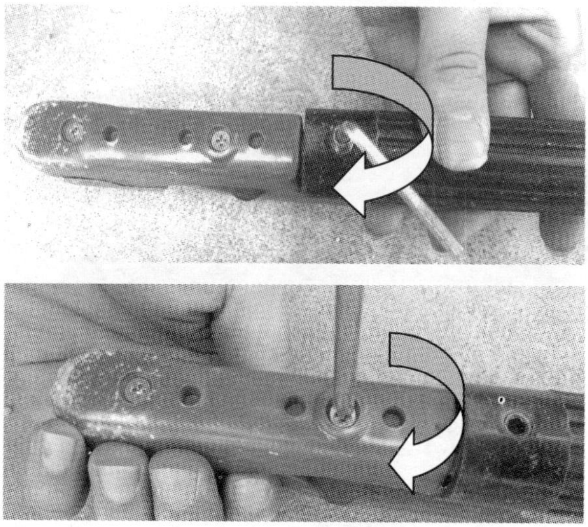

图 4.12　拧紧各个连接处的螺钉

4.3　焊接电缆

焊接电缆俗称焊把线，全称为高强度橡套电焊机电缆（YH 电缆），是通用橡套电缆（YC 电缆）的一种，如图 4.13 所示。

图 4.13　焊接电缆

电焊机电缆的结构为单线芯，线芯部分铜丝为无氧铜，一般由多根铜丝组成铜丝组，铜丝组再组成电缆的导体部分，多组铜丝的周围被一层耐热聚酯薄膜绝缘包裹，导体外部绝缘层一般为纯天然橡胶，如图 4.14 所示。

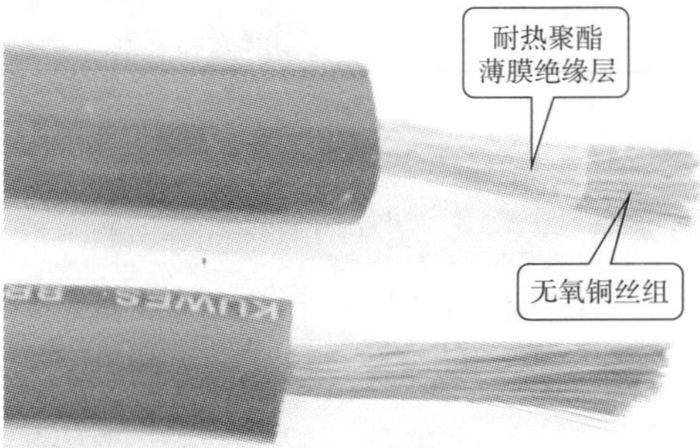

图 4.14 电焊机电缆的结构

电焊机电缆的型号有 16mm^2、25 mm^2、35 mm^2、50 mm^2、70 mm^2 等规格。

焊接电缆的选择原则：

（1）焊接电缆一般选用多股铜心线，要求其具有良好的导电性能和绝缘外层。

（2）电缆应轻便柔软，能任意弯曲和扭转，方便操作。

（3）焊接电缆的直径应根据焊接电流、焊机与操作点的距离来确定，焊接电流大，焊接地点与焊机距离较远，就选用直径较粗的焊接电缆。一般选用 35 ～ 70 mm^2 的电缆。

（4）焊接电缆的长度应根据具体焊接施工地点与焊机的距离来选择，若电缆太长，电压增大，太短则工作时不方便，一般电缆长度取 20 ～ 30m。

焊接电缆的使用方法如下：

（1）焊接电缆尽量用整根的，中间一般不得有接头。如有接头不得超过 2 个，接头处连接牢固，并用绝缘胶布包扎好，保证绝缘良好。

焊接电缆需要加长时，应用快速插头连接牢固，如图 4.15 所示。

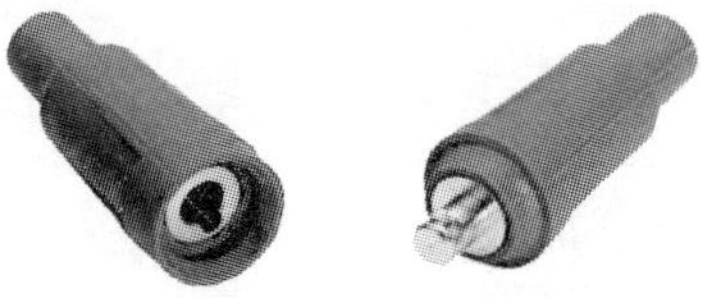

连接前

连接后

图 4.15 快速插头的组装

（2）严禁利用厂房的金属结构、管道、轨道或其他金属搭接起来作为导线使用。

（3）焊接电缆与焊机的连接处，必须采用铜（或铝）线鼻子，或快速插头连接，防止接头处温度过高，造成火灾。

（4）焊接电缆应定期对绝缘或电缆外表面进行检查，发现问题及时处理。

（5）严禁将电源线沿地面铺设，更不能将电缆铺在潮湿或有水的地方。

（6）焊接电缆铺设应悬挂，若必须穿过马路，应采取在焊接电缆上穿管道或盖上槽钢等保护措施，防止碾压，如图 4.16 所示。

图 4.16 焊接电缆保护措施

（7）焊接时，焊线不能盘绕在一起，应分散开，防止产生较大磁场，如图 4.17 所示。

图 4.17 焊线不能盘绕在一起

4.4 焊接电缆的连接接头

焊接电缆与焊机的接线，必须采用快速插头（图 4.18），或铜、铝线鼻子（图 4.19），以避免二次端子板烧坏，造成火灾。图 4.20 所示为焊机的电源接线端子。

图 4.18 快速插头

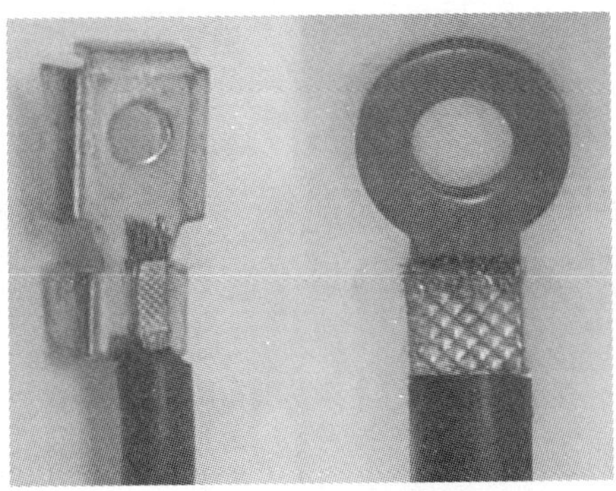

图 4.19 压线鼻子

焊接电缆之间的连接，采用铜管压接或用快速插头连接，如图 4.21 所示。

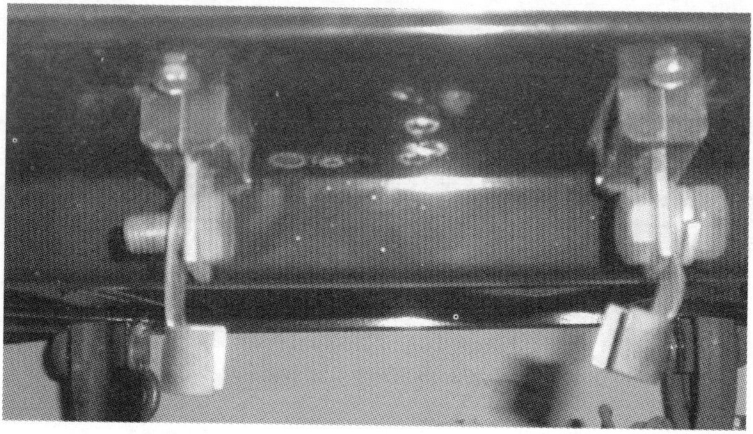

图 4.20　接线端子

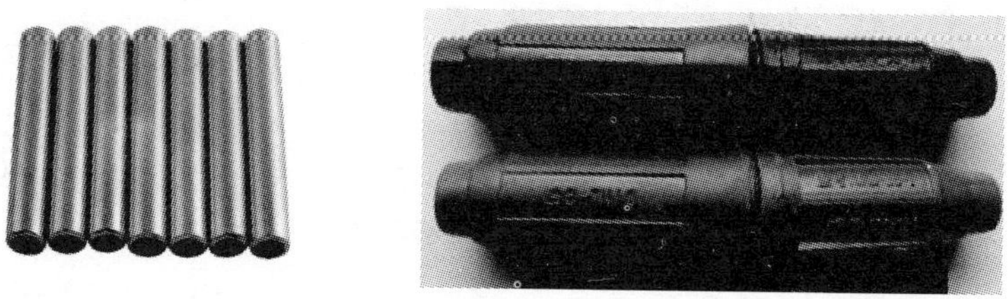

铜　管　　　　快速插头

图 4.21　铜管和快速插头

4.5　焊条保温桶

在焊接工作时，为防止焊条受潮影响焊接质量，应将焊条保存在保温桶中。

焊条保温桶的使用方法如下：

（1）烘烤过后的焊条就放在保温筒里面，随用随取。

（2）在施工现场应注意保温桶严禁与其他设备混用电源，以免损毁保温筒；保温筒需使用直流电压 60 ~ 120V。

（3）加热时，需将保温桶的电源线一根夹住焊把与焊线的连接处，另一根夹住工件，如图 4.22 所示。

(a) 保温桶电源线的连接方法　　(b) 保温桶

图 4.22　保温桶和保温桶电源线的连接方法

（4）在施焊过程中必须保持保温筒为桶盖闭合的保温状态。

（5）严禁焊工手中持有多余的焊条，每次只能取出 1 ~ 3 根，要做到随用随取，取完焊条后，要及时将焊条保温筒盖好，以保证焊条干燥。

4.6　焊接检测尺

焊接检测尺主要由主尺、高度尺、咬边深度尺和多用尺等部分组成，如图 4.23 所示。

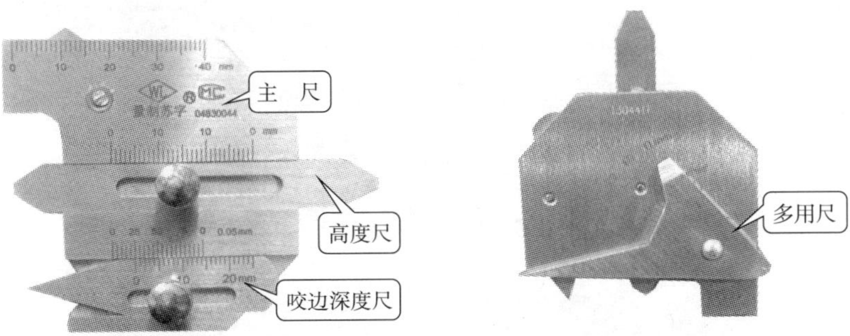

图 4.23　焊接检测尺的组成

1. 测量对接焊缝高度

首先把咬边深度尺对准零刻度线，并紧固螺丝，然后滑动高度尺与焊点接触，观察高度尺的示值，即为对接焊缝高度，如图 4.24 所示。

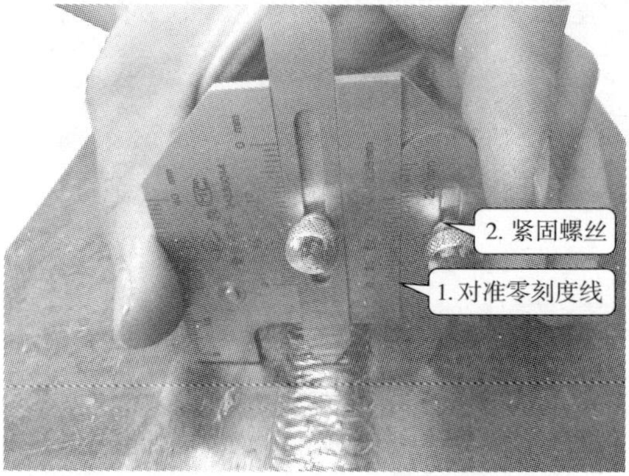

图 4.24　测量对接焊缝高度

2. 测量对接焊缝宽度

先用主体测量角靠近焊缝的一边，然后旋转多用尺的测量角靠近焊缝的另一边，观察多用尺上的指示值，即为焊缝宽度，如图 4.25 所示。

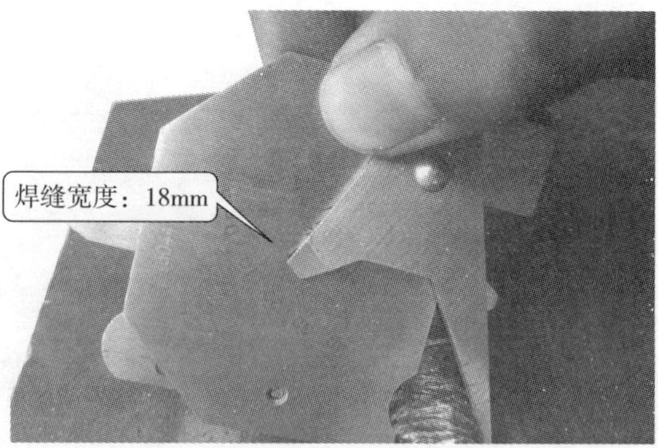

图 4.25　测量对接焊缝宽度

3. 测量角焊缝的焊脚高度

用该尺的工作面靠紧焊件和焊缝，并滑动高度尺与焊件的另一边接触，看高度尺指示线，指示值为角焊缝的焊脚高度，如图 4.26 所示。

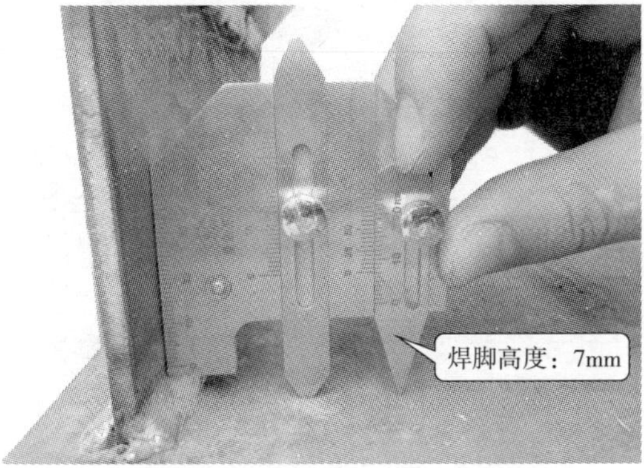

图 4.26 测量角焊缝的焊脚高度

4. 测量角焊缝的厚度

在 45° 时的焊点为角焊缝厚度，首先把主体的工作面与焊件靠紧，并滑动高度尺与焊点接触，高度尺所指示的值为角焊缝的厚度，如图 4.27 所示。

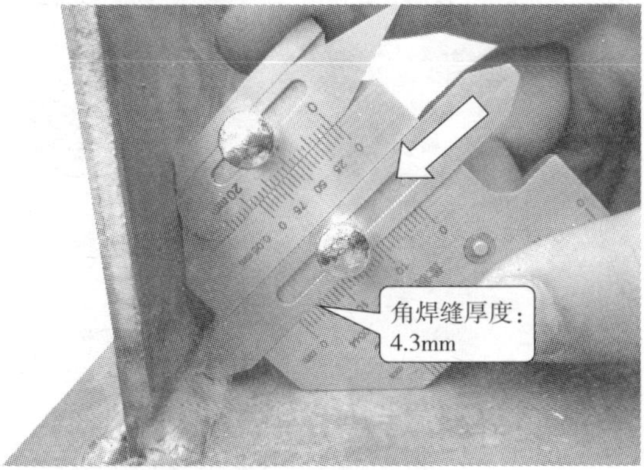

图 4.27 测量角焊缝的厚度

5. 测量焊缝咬边深度

首先把高度尺对准零刻度线，并拧紧螺丝，然后滑动咬边深度尺，读取指示值，即为咬边深度，如图 4.28 所示。

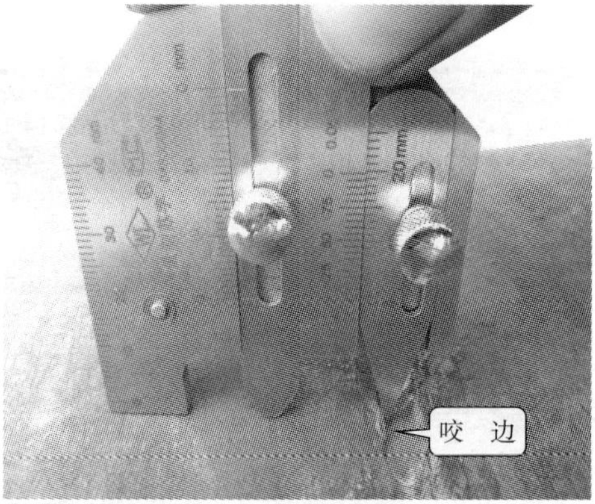

图 4.28　测量焊缝咬边深度

6. 测量焊件坡口

根据焊件所需要的坡口角度，用主尺与多用尺配合，观察主尺工作面与多用尺工作面形成的角度，多用尺指示线所指示值为坡口角度，如图 4.29 所示。

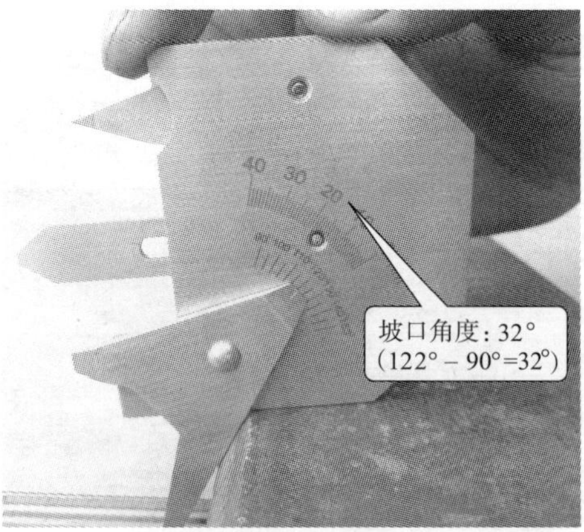

图 4.29　测量焊件坡口

7. 测量装配间隙

用多用尺插入两焊件之间，看多用尺上间隙尺的指示值，即为间隙值，如图 4.30 所示。

图 4.30　测量装配间隙

8. 测量对接焊缝的错边量

先用主尺紧靠焊缝一边，然后滑动高度尺，使之与焊缝另一边接触，高度尺的示值即为错边量，如图 4.31 所示。

图 4.31　测量对接焊缝的错边量

4.7　劳保用品

1. 焊工工作服

焊工工作服的种类很多，常用的有纯棉白色帆布工作服、全皮工作服、前身全皮后背配防火布焊工服等。另外，牛皮围裙也是焊工防护品之一，因其简单、方便也经常被使用。

纯棉白色帆布工作服的特点：衣服的表面是白色，可以反射弧光。

纯棉帆布质地透气、吸汗、隔热、耐磨、耐烧，经常配袖套使用，如图 4.32 所示。

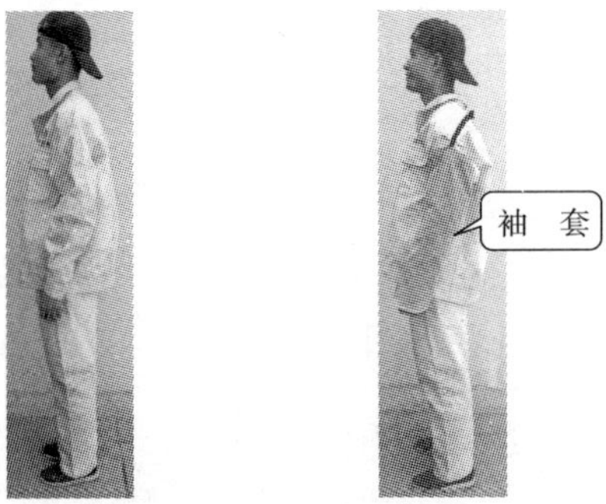

图 4.32　纯棉白色帆布工作服

全皮工作服的特点：耐高温、防火阻燃、防止火花飞溅，适用于全位置焊接，如图 4.33 所示。

前身全皮后背配防火布焊工服的特点：保护身体前半身，又能使背部凉快舒适，耐磨、防火阻燃、防止火花引燃，加倍保护人身安全及吸汗性能，如图 4.34 所示。

牛皮围裙的特点：耐磨、防火阻燃，适宜在较高气温及在室内焊接使用，如图 4.35 所示。

图 4.33 全皮工作服

图 4.34 前身全皮后背配防火布焊工服

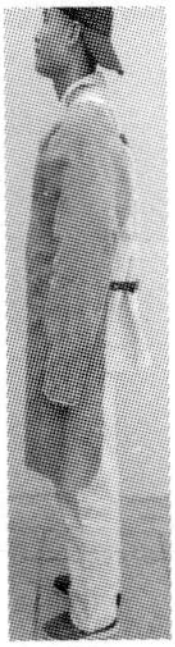

图 4.35 牛皮围裙

2. 手　套

焊工手套要求皮质柔软均匀适中，方便运条；耐磨、隔热，防火性能好；防火线缝制，不易开线，如图 4.36 所示。

3. 护目镜

焊工在清渣、剔除飞溅时需要佩戴平光镜，防止渣壳、飞溅物进入眼睛。图 4.37 所示为常用的护目镜。

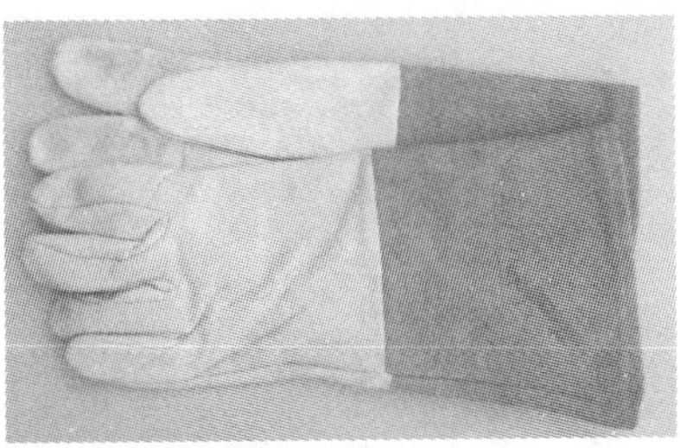

图 4.36 焊工手套

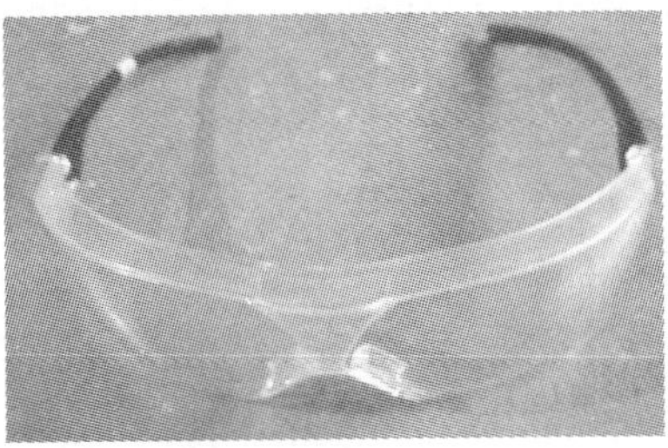

图 4.37 护目镜

4. 绝缘鞋

焊工目前穿的绝缘鞋应具有良好的绝缘、防砸、防滑、防静电、防穿刺、耐酸碱等性能（图 4.38）。

当焊工穿布面绝缘鞋时，焊接火花会坠落到鞋面，易烫伤脚背，所以一般应配鞋盖加以保护（图 4.39）。

图 4.38　绝缘鞋

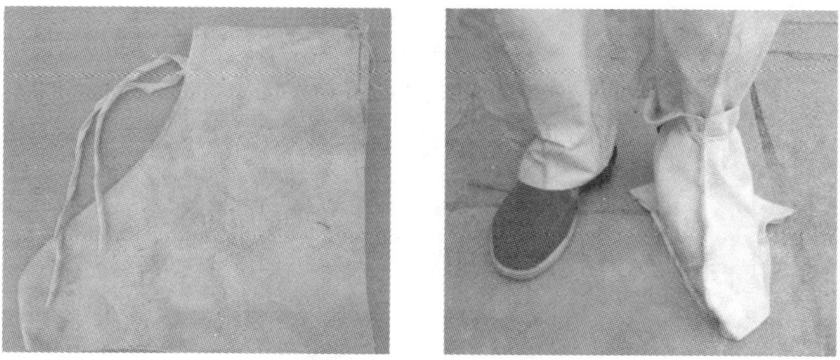

图 4.39　鞋　盖

4.8　焊接辅助工具

1. 角向砂轮机

角向砂轮机主要用于打磨板材坡口正反面 10 ~ 15mm 范围的油渍、铁锈等（图 4.40）。

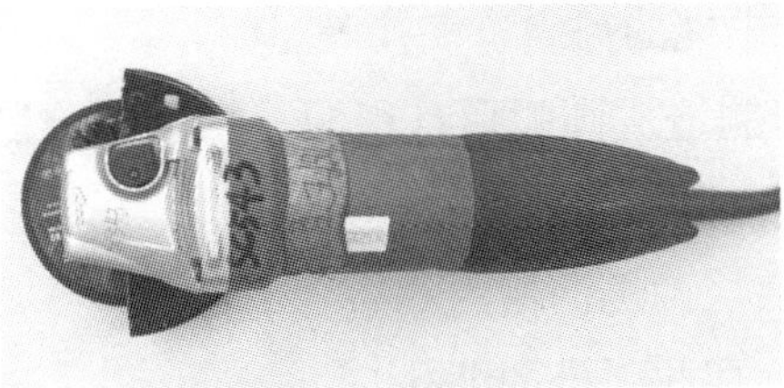

图 4.40 角向砂轮机

2. 直磨机

直磨机主要用于打磨管道坡口内外 10 ~ 15mm 范围的油渍、铁锈等（图 4.41）。

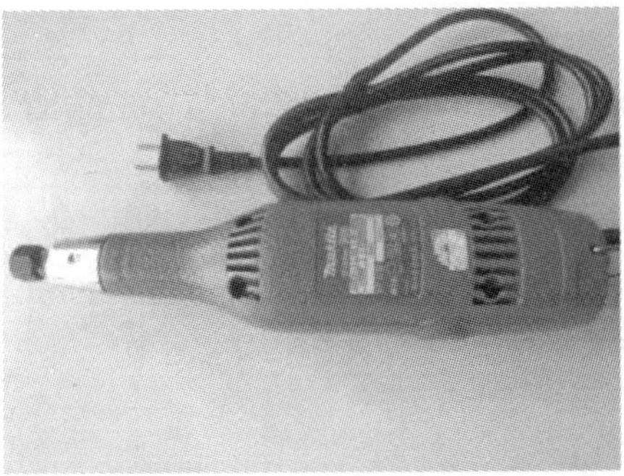

图 4.41 直磨机

3. 扁錾、窄錾和尖錾

扁錾（或叫扁铲）的切削刃较宽，切削部分扁平，用于平面錾削，主要用于去除焊口表面的飞溅或较大焊瘤等（图 4.42）。

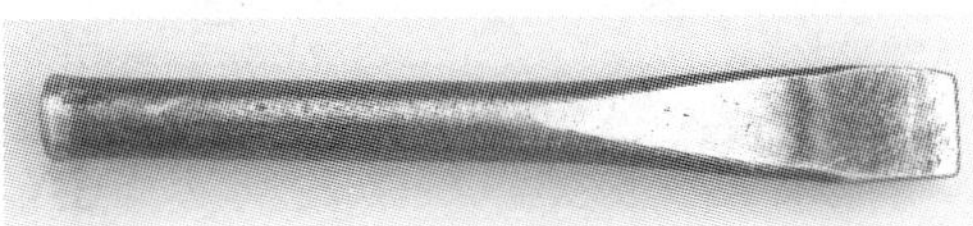

图 4.42 扁 錾

窄錾（或叫窄铲）的切削刃较窄，且刃的两侧面自切削刃起向柄部逐渐变狭窄，以保持在錾削油槽时两侧不会被工件卡住，主要用于剔除较窄的坡口内层间出现的焊瘤、气孔等。

尖錾的切削刃制造成圆弧形且很短，切削部分制成弯曲(或直线)形状(图 4.43)，主要作用如下：

(1)剔除打底层两侧沟槽内的熔合不良。

(2)剔除打底层收弧处的缩孔。

(3)将打底层收弧处加工成坡口形状。

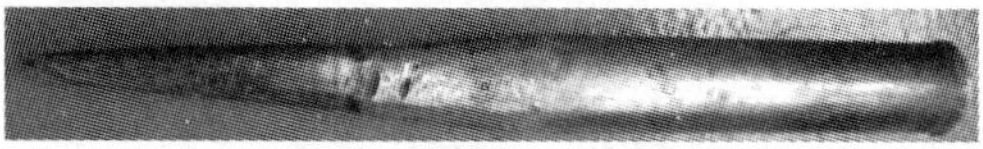

图 4.43　尖　錾

4. 手　锤

手锤俗称榔头，常用于敲击錾子去除焊瘤、熔渣、表面气孔等缺陷。常用榔头有圆头榔头和方头榔头(图 4.44)。

图 4.44　手　锤

5. 钢丝刷

用于清除金属焊材表面或焊缝表面、层间的锈或其他污物(图 4.45)。

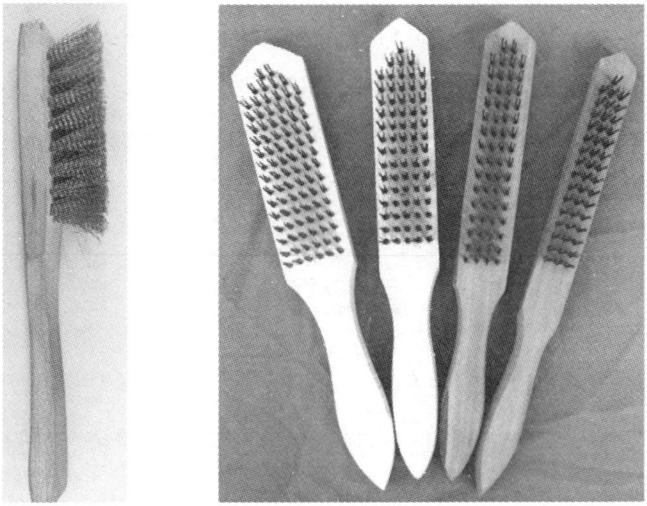

图 4.45 钢丝刷

6. 锉 刀

锉刀分为平板锉、半圆锉、圆锉等（图 4.46）。平板锉用于打磨钝边。半圆锉用于打磨钝边或管道内壁的油渍、铁锈等。圆锉用于打磨小径管管道内的油渍、铁锈等。

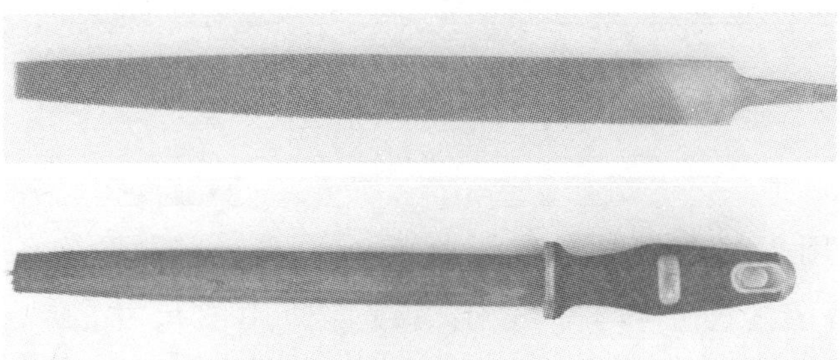

图 4.46 锉 刀

7. 清渣锤

用于清除焊缝层道间、焊缝表面的熔渣（图 4.47）。

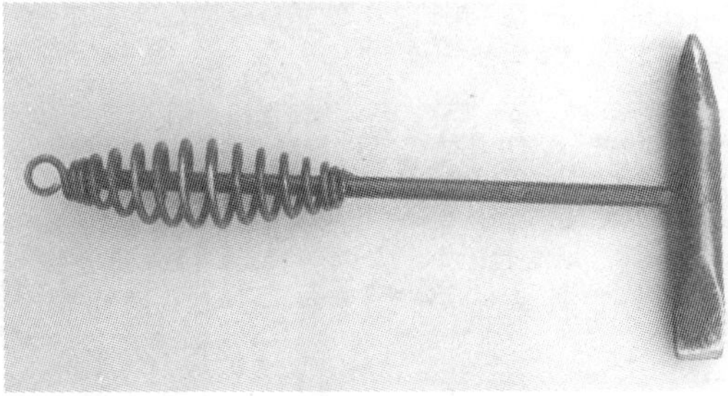

图 4.47　清渣锤

8. 扳手、改锥

常用来安装与拆卸焊机、电源开关、焊枪等的螺栓、螺母、螺钉等（图 4.48）。

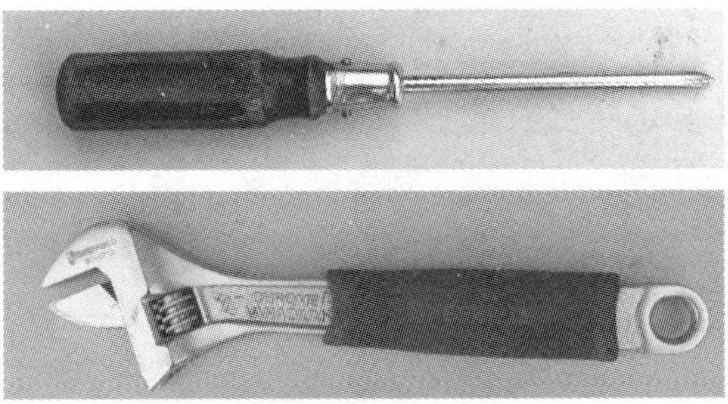

图 4.48　改锥和扳手

9. 锯　条

主要用于修磨焊件打底层收弧处的坡口、去除缩孔、清除层间部分熔渣（图 4.49）。工作中经常使用的尺寸的规格一般为 450mm × 45mm × 2.5mm。

图 4.49　锯　条

第5章

焊条电弧焊的操作基础知识

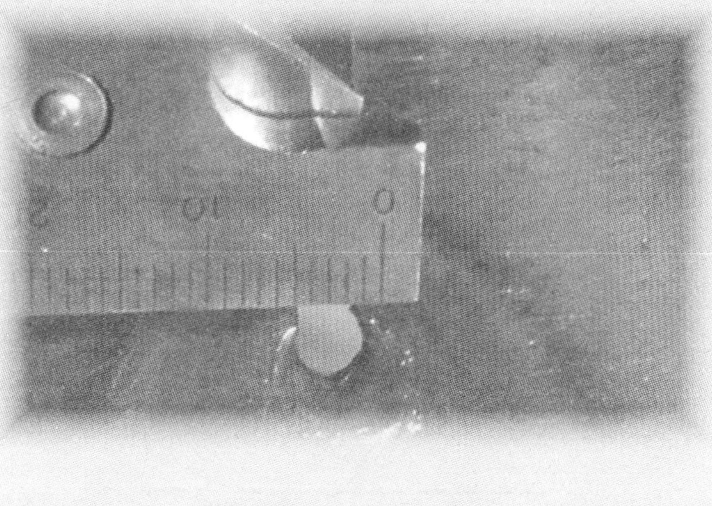

5.1　焊缝、焊接接头和焊接坡口

1. 焊缝的分类

焊缝按不同的分类方法可分为下列几种形式：

（1）按结合形式，焊缝可分为对接焊缝、角焊缝、搭接焊缝、塞焊缝和端接焊缝等。

（2）按空间位置，焊缝可分为平焊缝、横焊缝、立焊缝和仰焊缝。

（3）按焊缝连续情况，可分为连续焊缝和断续焊缝两种。

2. 焊缝的形状尺寸及焊接接头

焊缝的形状尺寸主要有焊缝宽度、焊缝余高和焊缝厚度等。

焊缝宽度是指焊缝表面两焊趾之间的距离。焊趾是指焊缝表面与母材的交界处。焊趾和焊缝宽度的示意图如图 5.1 所示。

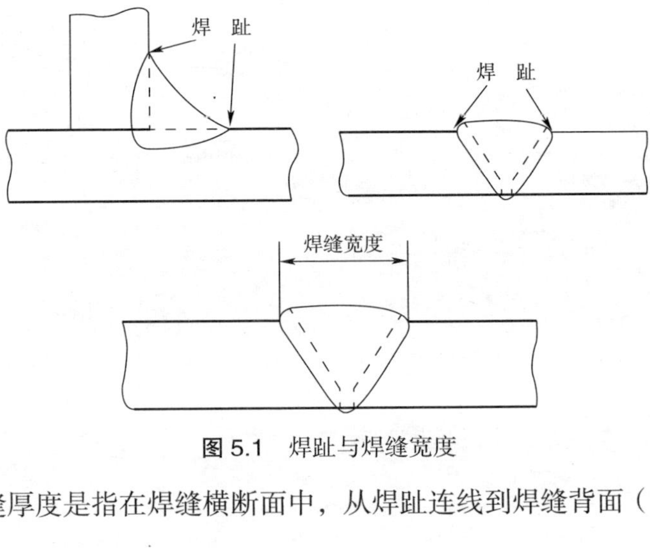

图 5.1　焊趾与焊缝宽度

焊缝厚度是指在焊缝横断面中，从焊趾连线到焊缝背面（或焊缝根部）的距离，如图 5.2 所示。

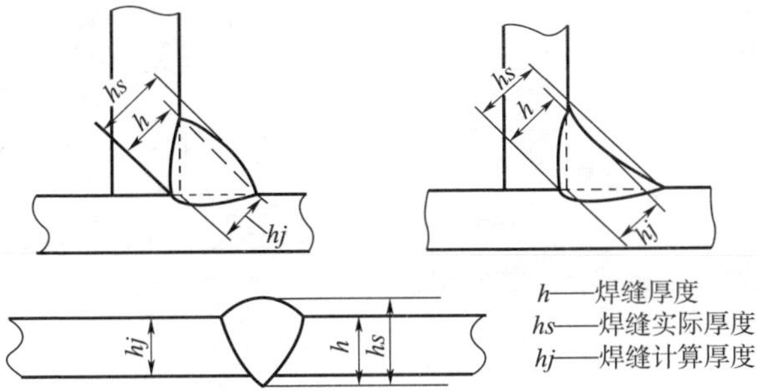

图 5.2 焊缝厚度

焊缝余高是指超出表面焊趾连线上面的那部分焊缝金属的高度。在静载下有一定加强作用，也称加强高，动载荷或交变载荷下，不能起到加强作用，反而易于促使焊缝脆断。

用焊接方法连接的接头，称为焊接接头。焊接接头主要有下面几种形式。

（1）对接接头。在同一平面上两板件相对端面焊接而成的接头。它是比较理想的接头形式，在焊接生产中应用广泛。

（2）角接接头。两板件端面构成直角的接头。角接头独立使用的承载能力很低，一般都用它组装箱体结构、容器结构。角接头装配方便、节约工时、成本低廉，多数与其他接头形式组合使用。

（3）T 形接头。一板件与另一板件相交构成直角或近似直角的接头。这种接头是典型的焊条电弧焊接头，能承受各种方向的力和力矩，且种类繁多。但 T 形接头应避免采用单面角焊缝，因为这种接头的根部有很深的缺口，其承载能力非常低。

（4）搭接接头。两板件部分重叠在一起进行焊接所形成的接头。搭接接头的应力分布不均匀，疲劳强度低，不是焊接结构的理想接头。但是，它的焊前准备和装配工作比对接接头简单得多，其横向收缩量也比对接接头要小，所以在结构中仍得到广泛的应用。

焊条电弧焊常见接头的形式如图5.3所示。

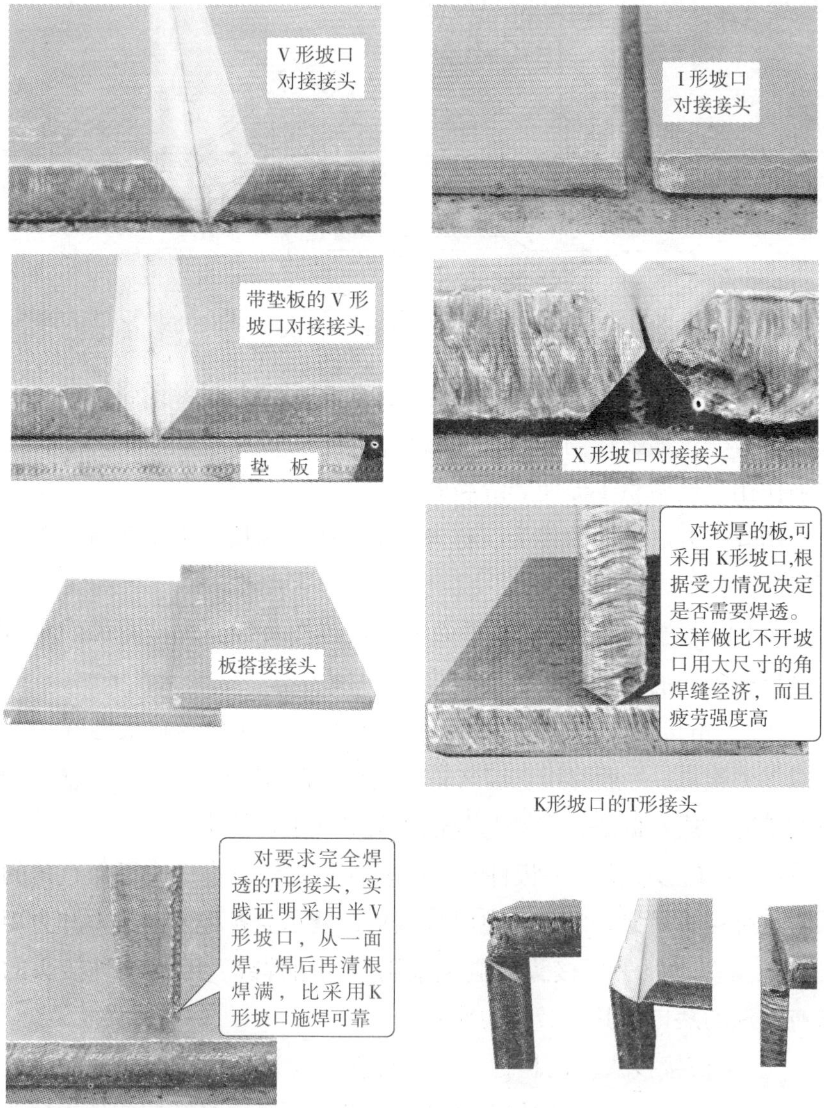

K形坡口的T形接头

单V形坡口的T形接头

各种样式的角接接头

图5.3 常见焊接接头形式

3. 焊接坡口

根据设计或工艺需要，在焊件的待焊部位加工的一定几何形状的沟槽，称为坡口。

焊条电弧焊时，首先要根据焊件的厚度合理地选择坡口形式及钝边和间隙的尺寸，然后按照标准化、规范化的要求装配焊件，以最终达到保证焊接质量的目的。

焊接坡口的基本形式和尺寸，应符合国家标准《气焊、焊条电弧焊、气体保护焊和高能束焊的推荐坡口》（GB/T 985.1—2008）的要求。

1）开坡口形式

焊接电弧对焊件的熔深有限，当焊件的厚度超过电弧的熔深时，就无法焊透，这时就必须开坡口。一般情况下当焊件厚度大于 6mm 时，就需要开坡口进行焊接。常用的坡口形式有 Y 形、双 V 形、U 形和双单边 V 形等。

2）选择坡口时考虑的因素

焊接过程中，坡口可以将电弧热伸入到焊件根部，保证根部焊道的穿透率，降低热输入量，减小热影响区宽度，减少焊接变形量。因此，坡口形式的选择可根据以下几个方面来考虑：

（1）保证焊缝质量要求。

对于容易产生淬硬的普、中、高合金钢及可焊性差的金属材料，一般选用 U 形或双 V 形坡口，并保证焊缝有合适的形状系数。

（2）尽量减少填充金属量。

（3）有利焊接变形的控制。

（4）方便焊接操作。

（5）有利于减小焊接应力。

（6）符合特殊工艺要求。

3）坡口“三要素”

开坡口的根本目的是为了保证焊缝焊透。在所有坡口形式中，V 形坡口是最基本的一种，见图 5.4。其中，α 叫做坡口角，c 叫做钝边，b 叫做间隙。坡口角、钝边和间隙被称为坡口“三要素”。

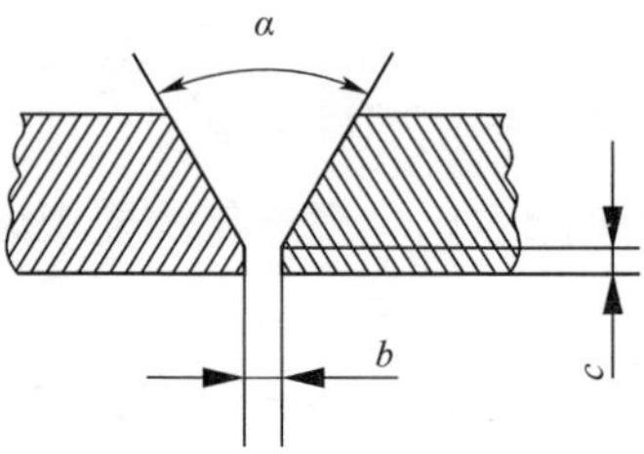

图 5.4　V 形坡口

（1）坡口角度的作用。坡口角度的作用如下：

① 使焊接热源伸入接头底部，降低熔深，保证焊缝焊透。

② 根部形状尺寸小，有利于减小规范，特别是可以减小焊接电流，从而减小热循环对热影响区的影响。

③ 有利于减小焊接变形。

④ 保证焊缝的形状系数。

（2）间隙的作用。对接焊坡口间隙的作用是降低熔深，保证根部透度。一般情况下，其大小以保证质量为原则，应尽可能小一些。

（3）钝边的作用。钝边在焊接过程中承受电弧的能量，托住操作时的熔池金属，防止烧穿。但钝边太大时，则易焊不透；钝边太小，又易形成焊瘤，甚至烧穿。

4）坡口的加工

坡口加工的依据应是设计图纸和有关技术规程，但加工的工艺水平及其精度对焊接质量有很大影响，因此，对以下几个问题应在坡口加工时予以重视。

（1）焊件下料以机械加工为宜，尤其是对淬火倾向大的合金钢。

（2）气割下料时，应留 5 ~ 10 mm 的机加工余量，以便除去淬硬层及过热组织。

（3）气割切成的坡口，只适用于可焊性好的低碳钢材料，并必须将坡口处氧化渣及飞溅物清理干净，将切割时凹凸不平处修磨平整。

（4）剪床剪切的钢材边缘不得有裂纹、毛刺或横角等缺陷。

（5）对口前应复查坡口尺寸，不当之处应立即修正。

5.2 电弧、熔池及焊缝成形

在手工焊条电弧焊中，焊条及母材的熔化是利用电弧的高温，熔化金属能过渡到熔池是利用电弧力，熔化金属能够留在熔池是靠液体金属的表面张力，至于让熔化金属留在熔池的何处，则要利用焊条的角度及运弧的形状和技巧来完成和实现。

由此可以看出，通过操作技能来改变焊条的角度和运弧的形状，最终达到控制焊缝成形是非常重要的。

在电弧焊焊接过程中，焊条在电弧热的作用下，形成熔滴，熔滴在电弧力等作用下向熔池过渡。重力对熔滴的作用取决于焊缝的空间位置，平焊时，重力是促使熔滴向熔池过渡的；而仰焊时，熔滴受重力的作用会往下坠落，重力是阻碍熔滴向熔池过渡的。

在焊接过程中，被焊金属和焊条（焊丝）端部在电弧热和电弧力作用下，被熔化并混合，形成具有一定几何形状的液态金属，这液态金属就是通常所说的熔池，熔池冷却后就形成焊缝。为了更好地掌握焊接操作技能，了解电弧、熔池和焊缝的相关知识是十分必要的。

5.2.1 电 弧

以手工焊条电弧焊为例，焊接电弧的引燃过程可分为接触、拉开和燃弧三个阶段，如图 5.5 所示。

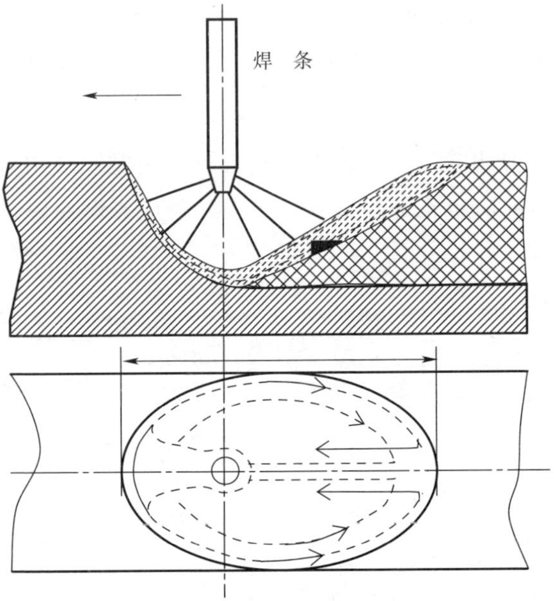

图 5.5　熔池形状和熔池液体金属流动示意

在焊条与工件接触的一瞬间，由于接触面积小，电流密度大，产生大量的电阻热，同时使接触点温度骤然升高，使部分金属熔化蒸发和被加热的空气电离，焊条药皮分解或成为蒸气，为电弧燃烧提供和创造了条件。拉开阶段首先为电弧燃烧提供了空载电压，在强电场的作用下诱发电弧产生。当焊条拉开到一定高度时，两极间发出光和热，同时还伴有声和力的存在，这表明电弧已引燃，这样焊接电弧引燃的全过程就完成了。

很显然，电弧热不可能全部用于加热焊件，有一部分热量损失于周围介质和飞溅，只有一部分用于熔化金属而形成焊缝。

在焊接过程中，为了使焊接顺利进行，要求电弧燃烧稳定，也就是要求电弧具有稳定性。电弧的稳定性就是指电弧在燃烧过程中，电弧长度维持一定，不偏吹、不摇摆、不灭弧，电弧电压和电流保持一定。电弧的稳定性，对保证焊接质量影响很大，不稳定的电弧无疑会造成焊缝质量低劣。影响电弧稳定性的主要因素有：焊接电源、焊条药皮、气流

（野外作业时）、焊接处的清洁程度、磁偏吹及操作控制等。

为了便于手工焊条电弧焊更易引弧，焊接电源要具有一定的空载电压。空载电压越高越容易引燃电弧，但空载电压高会对操作焊工人身造成不安全的因素，故交流焊机空载电压为 70 ~ 90V，直流焊机空载电压一般应控制在 70V 以下。在满足上述条件下，同时还要求焊条药皮加入易电离的物质，如钾、钠、钙和钛等金属元素。

5.2.2 熔　池

在电弧焊接过程中，被焊金属材料即母材接缝处，在电弧热作用下，发生局部熔化，这部分熔化的液体金属不断地与从焊条（丝）过渡来的熔滴金属相混合，组成具有一定几何形状的液态金属，称为熔池。

熔池是由填充金属与局部熔化的母材金属所组成的；非熔化极（无填充金属）焊时，熔池仅由局部熔化的母材金属所组成。

在电弧作用下，熔池各部位的温度是不相同的，电弧作用中心的温度最高，从中心向外逐渐降低，很明显，熔池边缘处的温度等于母材的熔点。

熔池的形成需要一定的时间，达到这个时间，熔池的形状、尺寸将不再发生变化。但当焊接电流增大时，熔池的深度将增大，熔池宽度将相对减小。

焊接熔池在接受电弧热作用的同时，还受到各种机械力的作用，其中有各种形式的电弧力，还有熔池金属自身的重力和表面张力等。尽管在不同焊接条件下各种力的作用方向及效果有所不同，但它们共同作用的最终结果是使熔池中液体金属处于运动状态，使熔池液面凹陷，液态金属被排向熔池尾部，并且尾部的液面高出工件表面，凝固后，高出部分成为焊缝的余高。熔池金属因受力而产生的流动起到搅拌作用，使过渡到熔池中的焊丝成分和母材成分均匀化；当有熔渣保护时，搅拌作用有利于熔池的冶金反应和熔渣及气体浮出液态金属表面，这有助于获得良好的焊缝。液态金属的流动还使得熔池内部进行热对流交换，可减少各部分金属之间的温差，这对于焊缝成形和焊接质量是有益的。

5.2.3 焊　缝

焊缝是随着电弧的移动，在焊接熔池不断形成又不断结晶的过程中成形的。

焊缝的几何尺寸主要是熔深、焊缝宽度和余高，这些直接影响着焊缝质量。影响焊缝尺寸主要有以下几方面的因素。

1. 工艺参数

主要是指焊接电流、电弧电压和焊接速度。

2. 电流种类及极性

电流种类（直流或交流）和直流时的极性（正接或反接）不同时，熔池处于电弧的阳极或阴极，或处于交变的极性，熔池温度及熔池受力都有明显的差别，对焊缝成形也有明显影响。

3. 其他因素

主要有焊条直径、坡口和间隙、焊条（电极）倾角、工件倾角、焊缝的空间位置，以及焊条药皮和保护气体等。

从上面内容可以看出，通过特定的焊接工艺和操作技能，控制熔池形状和温度是获得高质量焊缝的关键。

焊缝的成形，取决于熔池的形状，熔池的形状又与接头形式、焊缝的空间位置、坡口形式和间隙尺寸、填充金属的给送及运弧方法等有着密切关系。

5.3　手工焊条电弧焊操作技能

5.3.1　手工焊条电弧焊基本操作技能

手工焊条电弧焊基本操作技术有：引弧、运弧、停弧、接头和收弧等技术。在焊接操作过程中，只有掌握好这 5 种操作方法，焊缝的质量才有最基本的保证。

1. 引　弧

引弧是手工焊条电弧焊操作中最基本的动作，如果引弧不当会产生气孔、夹渣等焊接缺陷。引弧有两种方法，即敲击法和划擦法。

敲击法也称击弧法，敲击法是一种理想的引弧方法，它是将焊条垂直与焊件接触形成短路，然后迅速提起 2 ~ 4mm 的距离后电弧即引燃。敲击法不易掌握，但焊接淬硬倾向较大的钢材时，引弧最好采用敲击法，敲击引弧方法见图 5.6。

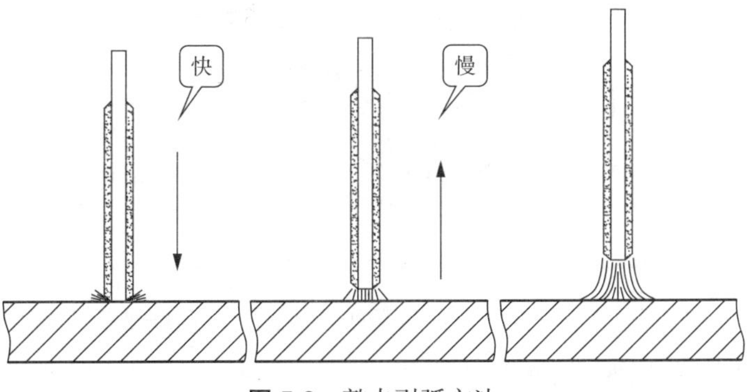

图 5.6　敲击引弧方法

划擦法也称划弧法。它是将焊条在焊件表面上划动一下，即可引燃电弧。其与划火柴相似，容易掌握。但划擦引弧容易在焊件表面造成电弧擦伤，所以必须在焊缝前方的坡口内划擦引弧，见图 5.7。

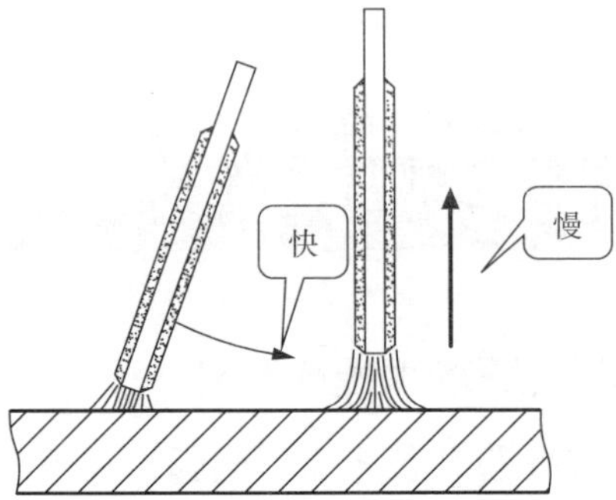

图 5.7　划擦引弧方法

2. 运　弧

电弧引燃以后，就进入正常的焊接过程，此时焊条的运动是三个方向运动的合成，即焊条沿着轴向熔池送进，沿焊接方向移动和做横向摆动。手工焊条电弧焊运弧方向见图 5.8。

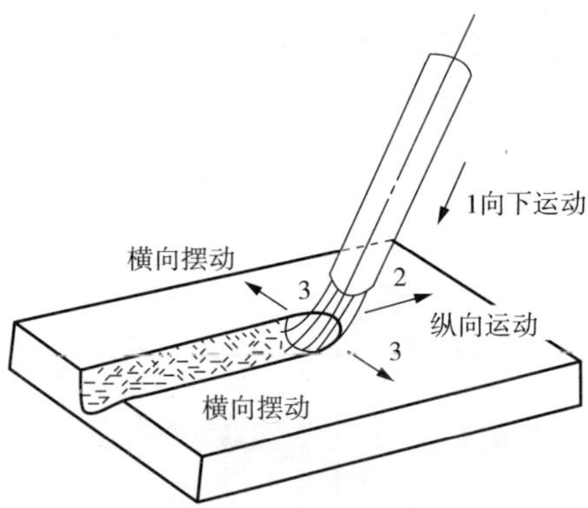

图 5.8　手工焊条电弧焊运弧方向

（1）向下运动。随着焊条不断被电弧熔化，为保持一定的弧长，就必须使焊条沿其中心线向下送进。弧长的控制可以实现电弧电压的控制，最终实现对熔池宽窄的控制。

（2）纵向运动。焊接时焊条还应沿着焊缝方向纵向移动，用来形成焊缝。移动速度，即焊接速度，应根据焊缝尺寸的要求（主要是焊肉高度）、焊条直径、焊接电流、工件厚薄和焊接位置等来决定。

（3）横向摆动。主要是为了增加焊缝的宽度和调整熔池形状。

熔池的形状决定着焊缝成形，焊缝位置的不同熔池的形状是不相同的。根据焊缝的位置选用适当的运弧方法和焊条角度，可以获得所需要的熔池形状，从而达到满意的焊缝成形。

在焊接过程中，通过运弧来达到下面三个目的：

① 通过运弧调整熔池温度，缩小中间与两侧的温差，避免咬边的产生，有利于焊缝成形。

② 通过运弧来搅拌焊接熔池，有利于熔渣、气体浮出表面。

③ 通过运弧控制熔池形状，使焊缝外形达到要求的形状和尺寸。

焊缝成形取决于熔池的形状，不同的焊接位置（平、立、横、仰），熔池的形状是不一样的，这就要求通过运弧来控制熔池形状，进而达到控制焊缝成形的目的。

手工焊条电弧焊常用的运弧方法见图 5.9。

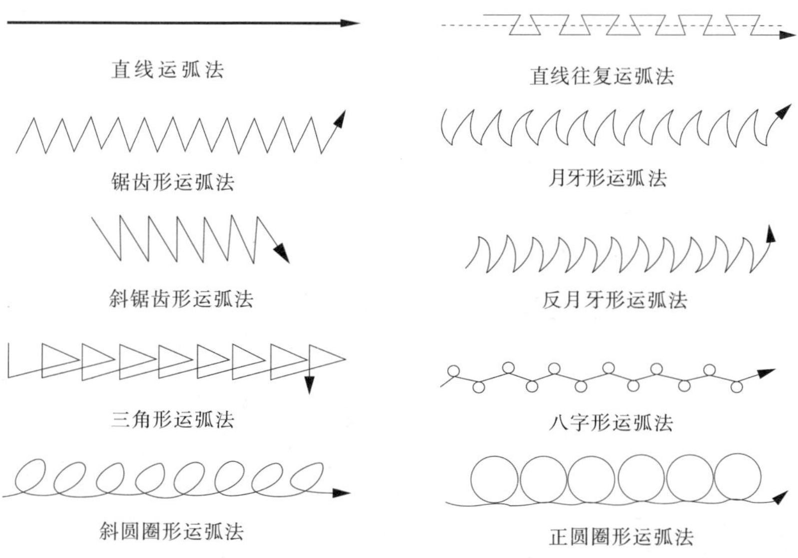

图 5.9　手工焊条电弧焊运弧方法

（1）直线运弧法。焊条端头不做横向摆动，保持一定的焊接速度，且焊条沿着焊缝的方向前移，一般用于I形接头的焊接和多层多道焊或多层焊打底焊。

（2）直线往复运弧法。焊条端头不做横向摆动，只沿着焊缝前进方向来回移动。

（3）锯齿形运弧法。焊条端头做锯齿形横向摆动，并在两侧稍作停留，根据熔池形状和层间焊肉厚度、大小来控制焊条的前进速度，适用于平焊缝、立焊缝、仰焊缝及角焊缝各层的全位置焊接。

（4）月牙形运弧法。焊条端头做月牙形横向摆动，并在焊缝两侧稍作停留，沿着焊缝方向前移，适用于平焊缝、立焊缝和仰焊缝等位置的各层次焊接。

（5）斜锯齿形运弧法。适用于横焊缝、45° 焊缝的各层道焊接。

（6）反月牙形运弧法。用途较广，适用除横焊缝、斜焊缝和某些角焊缝外的各层次焊接，运用好则焊缝平滑，两侧无咬边。

（7）斜圆圈形运弧法。焊条端头做连续斜圆圈形摆动并沿着一定方向移动。

（8）三角形运弧法。适用于某些焊缝打底焊，如角焊缝、平焊缝、立焊缝和仰焊缝等，也适用于其他层次的焊接。

（9）八字形运弧法。适用于对口间隙大的打底焊和较宽的一次盖面成形的双鱼鳞焊缝。

（10）正圆圈形运弧法。适用于平焊的填充和盖面的焊接，焊条端头沿着一定方向移动并做连续圆圈运动。

如何把焊条电弧焊的电弧控制好，是获得优质焊缝的关键所在。经验证明，在运弧过程中，焊条的角度、电弧高低、运弧的速度，都直接影响着焊接电流、电弧电压，无疑也就影响着熔池的温度，最终将影响焊缝的成形。一般说来，焊条左右角度大的一侧温度会高，焊肉也较厚（高）；而焊条角度小的一侧温度会低，焊肉也较少（低）。电弧长时，电弧电压高，焊接电流就小，造成温度扩散，结果会使焊缝增宽，熔深变浅，焊道波纹细而密。当电弧短时，电弧电压低，焊接电流增大，结果会使焊缝较窄，熔深增大。运弧速度的变化要和电弧长短的变化相结合，根据焊缝的位置和焊道的成形需要来配合并变化。在实际操作过程中，要根据实际情况按上述要求，灵活、合理运用。

运弧的方法是多种多样的，但其作用是相同的，就是通过合适的运弧方式（这些方法包括运弧形状、运弧速度、电弧高低变化和两侧停留时间的长短等），达到调整熔池温度、控制熔池形状，最终实现良好的焊缝成形的目的。

3. 停　弧

当需换焊条或停止焊接时，就需要停弧，其方法请参考收弧操作。

4. 接　头

手工焊条电弧焊时，由于受到焊条长度等因素的限制，在焊接过程中出现焊缝接头是不可避免的。常见的施焊接头的连接形式大体可以分为两类：一类是焊缝与焊缝之间的接头连接，一般为冷接头；另一类是焊接过程中由于电弧自行断灭或更换焊条，熔池处在高温红热状态下的接头连接，一般为热接头。根据不同的接头形式，可采用不同的操作方法。如图 5.10 所示，图（a）、（b）、（c）为冷接头，图（d）为热接头。

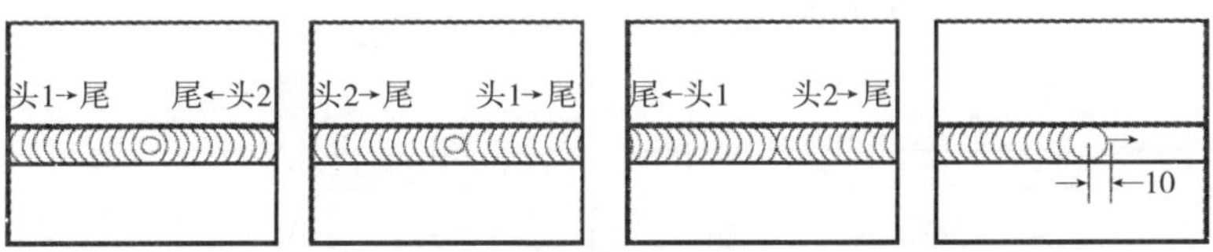

(a) 冷接头形式 1　(b) 冷接头形式 2　(c) 冷接头形式 3　(d) 热接头形式

图 5.10　接头的连接形式

（1）冷接头操作方法。如图 5.11 所示，冷接头在施焊前，应使用砂轮机或机械方法将焊缝被连接处打磨出斜坡形过渡带，在接头前方 10mm 处引弧，电弧引燃后稍微拉长一些，然后移到接头处，稍作停留，待形成熔池后再继续向前焊接。用这种方法可以使接头得到必要的预热，保证熔池中气体的逸出，防止在接头处产生气孔。收弧时要将弧坑填满后，逐渐将焊条拉向弧坑前方或一侧熄弧。

(a) 无摆焊接时　　(b) 摆动焊接时

图 5.11　冷接头操作方法

（2）热接头操作方法。热接头的操作方法可分为两种：一种是快速接头法，另一种是正常接头法。快速接头法是在熔池熔渣尚未完全凝固的状态下，将焊条端头与熔渣接触，在高温热电离的作用下重新引燃电弧后的接头方法，见图 5.12（a）。这种接头方法适用于厚板的大电流焊接，它要求焊工更换焊条的动作要特别迅速而准确。

正常接头法是在熔池前方 10mm 左右处引弧后，将电弧迅速拉回熔池，按照熔池的形状摆动焊条后正常焊接的接头方法，见图 5.12（b）。如果等到收弧处完全冷却后再接头，则适宜采用冷接头操作方法。

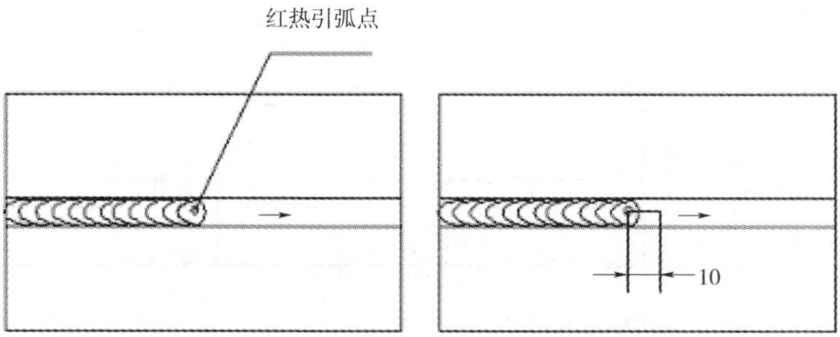

(a) 快速接头法　　(b) 正常接头法

图 5.12　热接头操作方法

（3）碱性焊条接头方法。打底焊接头是在熔池后 30mm 左右处引弧，然后以稍快的焊接速度将电弧移到熔池处适当提高电弧长度以提高熔池温度，形成熔孔后接头再正常进行焊接，见图 5.13。焊后应将接头前的焊接金属清除掉。

填充、盖面层的接头方法与第一层打底焊是不相同的，特别是碱性焊条，因为引弧时碱性焊条端部药皮易脱落或有轻微潮湿，接头处容易出现气孔。因此，应在接头前 30mm 左右处引弧，如图 5.14 所示，然后快速窄焊道回焊到停弧处，接头后做横向摆动，宽度和高度达到正常，再继续焊接。接头前的窄焊道焊接时得到复熔对消除气孔是有利的。

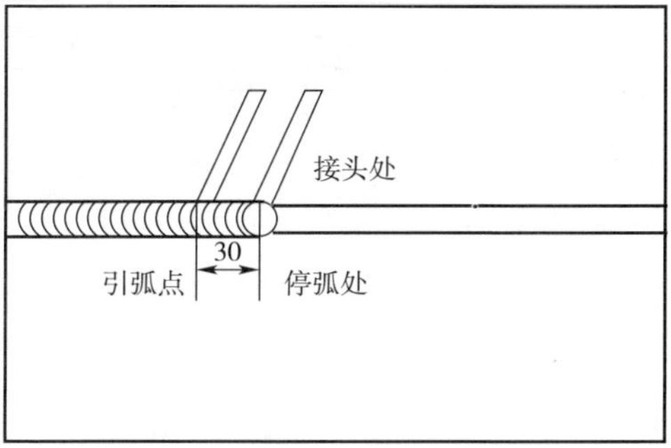

图 5.13 碱性焊条打底焊接头示意图

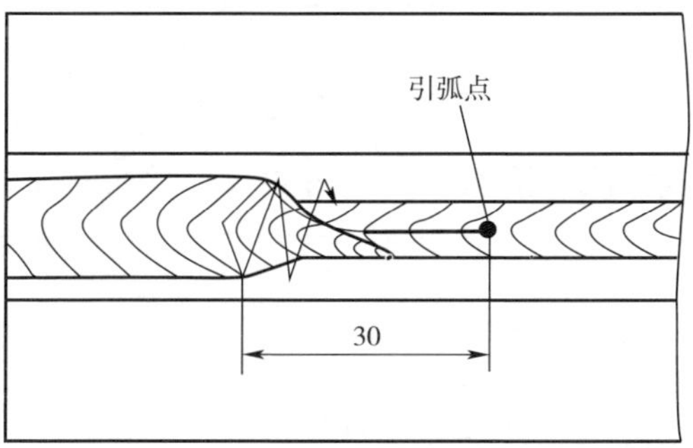

图 5.14 碱性焊条填充、盖面接头示意图

5. 收（熄）弧

收（熄）弧是焊接过程中的关键技术，由于换焊条和焊接结束等原因都需要收（熄）弧。它直接影响着焊接质量。

如收（熄）弧时停得太急，熔池温度太高，突然冷却下来会出现缩孔及弧坑裂纹。正确的停弧方法是：打底焊在停弧前给两滴熔化金属并稍加快焊接速度，使熔池缩小，将电弧停在熔池前方或一侧，见图 5.15，可避免缩孔产生；或停弧时，在熔池冷却的过程中，用断弧焊的方法连续给熔池冷却收缩处补充 2 ~ 3 滴熔化金属，也可防止缩孔产生。收熄弧（停弧）方法见图 5.15 和图 5.16。

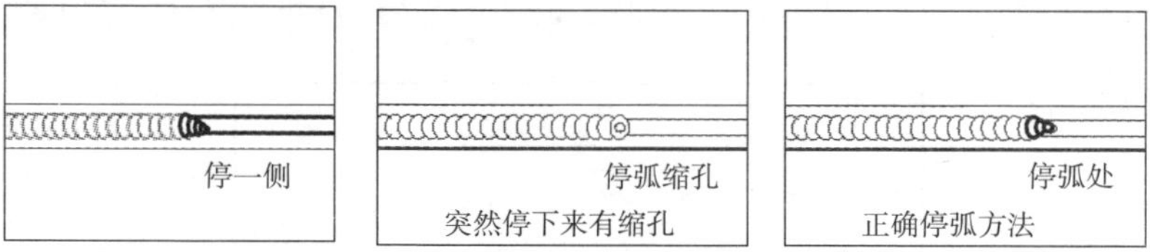

图 5.15　打底焊收（熄）弧方法

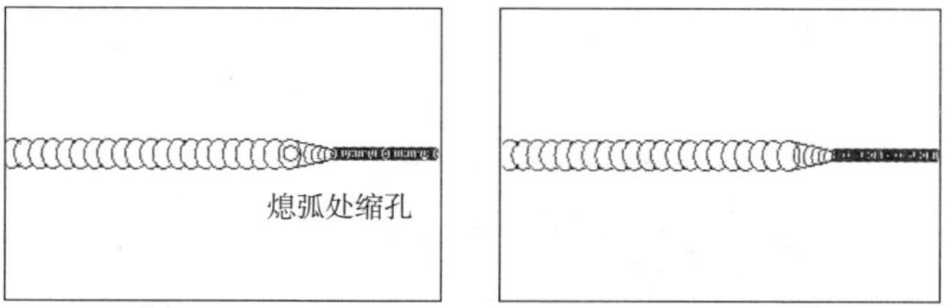

错误停弧方法　　正确停弧方法

图 5.16　填充焊熄弧方法

（1）连弧收弧法。连弧收弧法可用于焊接过程更换焊条的收弧和焊接结束的收弧。具体有划圈收弧法、回焊收弧法和熔池衰减法等，如图 5.17 ~图 5.19 所示。

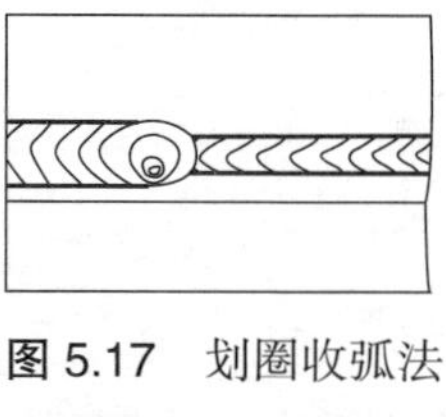

图 5.17　划圈收弧法

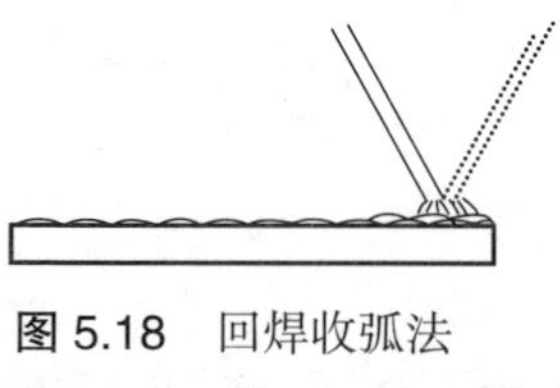

图 5.18　回焊收弧法

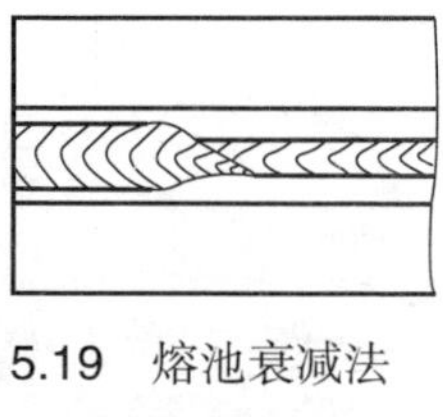

图 5.19　熔池衰减法

更换焊条收弧时，为了防止缩孔发生，应将电弧缓慢地拉向坡口一侧 10mm 左右后再衰减熄弧。

焊接结束收弧时，应将电弧在弧坑处稍作停留，待弧坑填满后将焊接速度逐渐加快致使母材不熔化时，然后熄弧。

（2）断弧收弧法。采用断弧收弧时，焊接过程中的每个动作都是起弧和熄弧的动作。起弧与停弧的间隔时间稍长，给送铁水量要少，以免缩孔的产生。收弧时，填充焊和盖面焊必须将焊接速度逐渐加快，熔池逐渐缩小，避免缩孔的产生，然后再熄弧。板材对接，焊缝收尾处应采取反复断弧的方法，待弧坑填满后改变焊条的前进角度为大于 90° 回焊 10mm 左右再熄弧，见图 5.18。

还需要说明的是环焊缝，即管对接水平固定焊、45° 固定焊，每层分两个半圈焊接，第一个半圈的始端和末端要超过中心 10mm 左右，焊后两端头处理成斜坡（时钟 6 点和 12 点位置），为后半圈的接头和收弧创造条件。前后层先焊和后焊的顺序应错开，使始焊接头和终焊接头形成交叉搭接状，如图 5.20 所示。

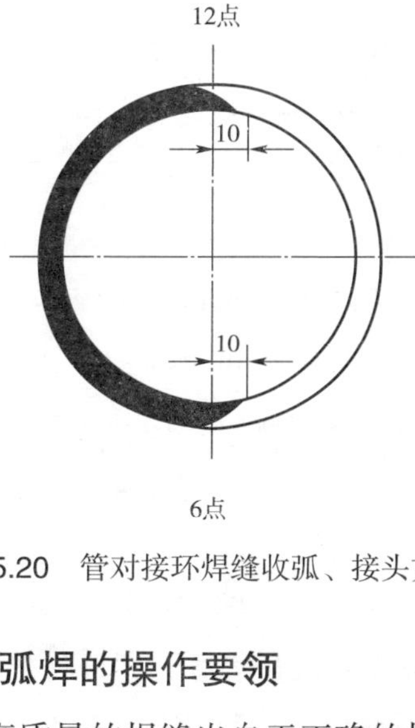

图 5.20 管对接环焊缝收弧、接头方法

5.3.2 手工焊条电弧焊的操作要领

手工焊条电弧焊高质量的焊缝出自于正确的焊接规范(主要是电流) 和高超的操作技能，即正确的焊条角度、焊接速度和运弧方法以及恰当的操作姿势，缺一不可。

1. 焊接规范

电弧焊的焊接规范，主要是指焊接电流、电弧电压和焊接速度，这些是直接影响焊缝的内在质量和成形质量的主要参数。

一般来说，焊接电流增大时（其他条件不变），焊缝的熔深和余高增大，反之则减小；电弧电压增大时，焊缝的熔宽增大，熔深和余高减小。

2. 焊条的角度

焊条（电极）倾角是指焊条（电极）轴线与焊件上表面之间的夹角 α，见图 5.21。

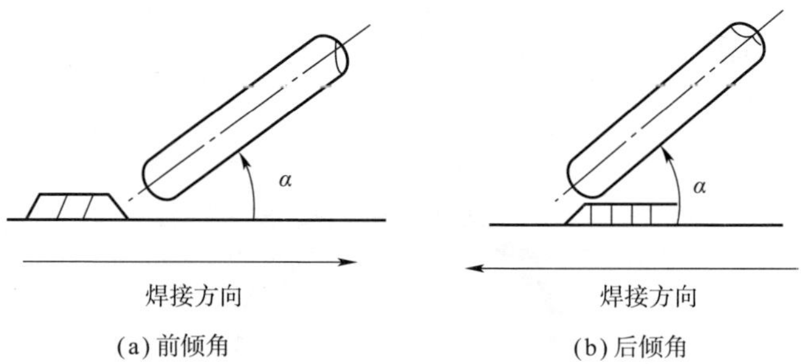

图 5.21　前倾焊和后倾焊

焊条（电极）倾斜（即 $\alpha \neq 90°$ ）时，不论前倾或后倾，电弧力对熔池金属的作用方向也随之倾斜，熔池金属的流动状态以及母材的受热状态都将受到一定影响，熔池的几何尺寸也随之发生变化。但前倾和后倾的影响结果是不同的。图 5.21（a）是前倾焊，焊条（电极）指向未焊方向，电弧力使熔池金属向后排出的作用减弱，熔池底部的液体金属层变厚，阻碍着电弧对熔池底部母材的加热，因此熔深变小，但电弧却对熔池前方未熔化的母材预热作用加强，因此熔宽增加，余高减小，而且前倾角 α 越小，这一影响越明显。前倾焊适用于薄工件的焊接。

图 5.21（b）是后倾焊，焊条（电极）指向已焊方向，电弧力使熔池金属向后排开而底层金属变少，焊接结果与前倾焊大不相同。后倾焊

的结果是熔深较深，余高较大、熔宽减小。后倾焊是手工操作的电弧焊最常用的焊接方式，倾角 α 以自然保持 60° ~ 85° 为宜。

后倾角度小，电弧扩散面积大，熔深浅，适用于间隙大的打底焊和薄焊件焊接；后倾角度大，电弧扩散面积小，温度集中，熔深大，适用于间隙小的厚焊件焊接。

图 5.22 是焊条（电极）倾斜角对焊缝尺寸及熔深的影响示意图。

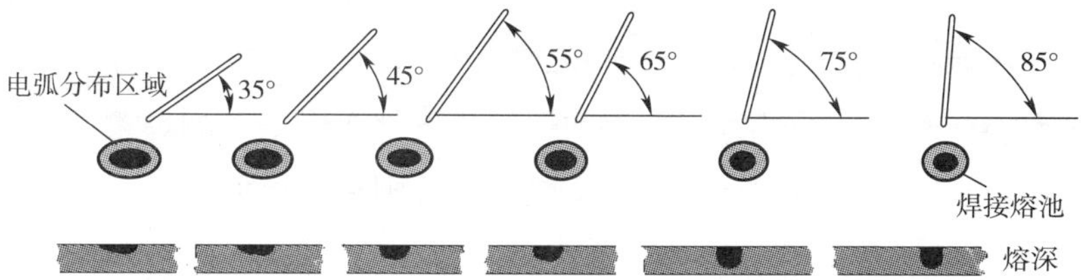

图 5.22 焊条（电极）前（后）倾斜角对焊缝尺寸的影响

1）焊条角度对熔池的影响

不同的焊条角度，其形成的熔池形状也不一样，如图 5.22 所示。焊条角度由 35° 增大到 85°，熔池的形状由椭圆形逐渐向圆形发展。

2）焊条角度对焊缝形状和熔深的影响

焊接电流不变的情况下，随着焊条角度的增加，熔深也在增加，如图 5.22 所示。

焊条（电极）左右角度不正确对平、立、仰焊熔池形状和两侧温度的影响见图 5.23。

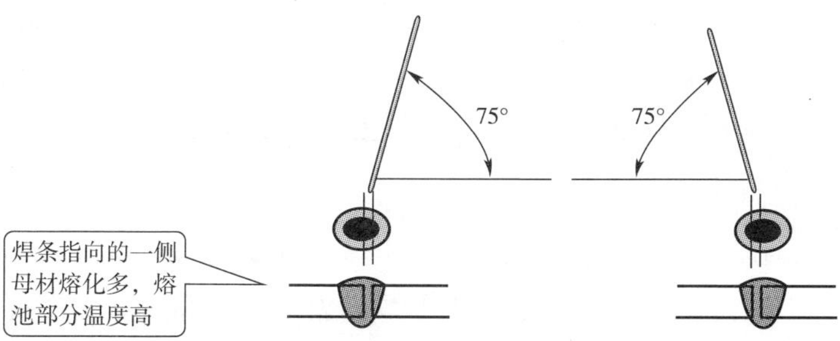

图 5.23 左右倾角对熔池形状和两侧温度的影响

3）不同后倾角的适用范围

焊条前进的前倾角为 70°　~ 90° 时，适用于填充焊和盖面焊；前倾角小于 70° 时，适用于打底焊，反面成形会更好。

两侧厚度相同的焊件，除横焊位、45° 焊位外，一般的焊条左右角度为 90° ，因为，此种情况下两侧温度相同，这对熔透及焊缝成形有利。横焊缝、管对接、45° 焊缝和两侧母材厚度不相同的焊缝，根据两侧温度的需要，利用焊条左右角度的不同，调整电弧热量对焊缝两侧的分配关系，从而控制熔深、熔池形状和焊缝成形，见图 5.24。而焊条前进角度的大小，对焊缝的熔宽、熔深和焊缝成形都有影响。如焊条前进方向的后倾角小，焊道易增高而窄；反之，焊缝则平滑而低凹。

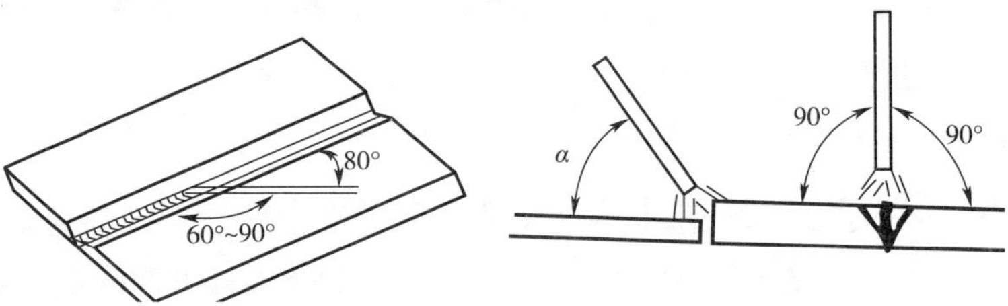

图 5.24　根据焊件厚度不同，焊条（电极）左右角度的调整

（母材两侧厚度一致时，左右倾角是 90° ，当两侧母材厚度不一样时，焊条角度要适当变化。焊条指向较厚的一侧）

3. 焊（工）件倾角和焊缝的空间位置

焊接倾斜的工件时，熔池金属在重力作用下有沿斜坡下滑移的倾向，焊缝成形会因焊接方向不同而有明显不同。上坡焊时，如图 5.25（a）所示，重力有助于熔池金属排向熔池尾部，电弧能够深入加热熔池底部的金属，因而熔深大，余高也大；同时，熔池前部加热作用减弱，电弧斑点飘动范围减小，所以熔宽减小。上坡角度 α 越大，这种影响也就越明显。当上坡角度 α 为 6° ~ 12° 时，焊缝就会因余高过大而出现咬边，因此，有些电弧焊方法是尽量避免采用上坡焊的。否则应采用反月牙形

运弧和增加两侧的停留时间或改变焊条的前进角度，见图 5.25（c），可避免咬边的产生。

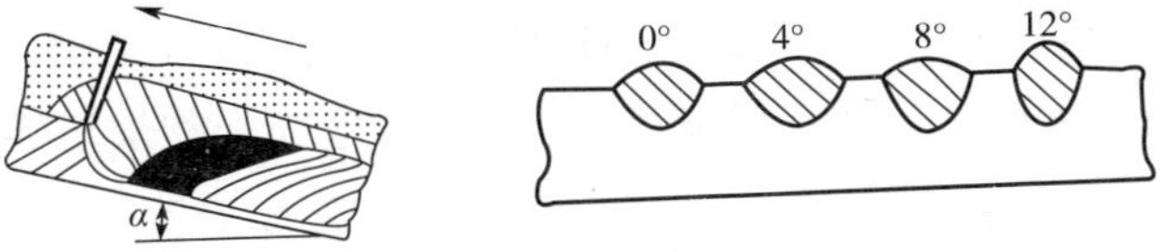

(a) 上坡焊

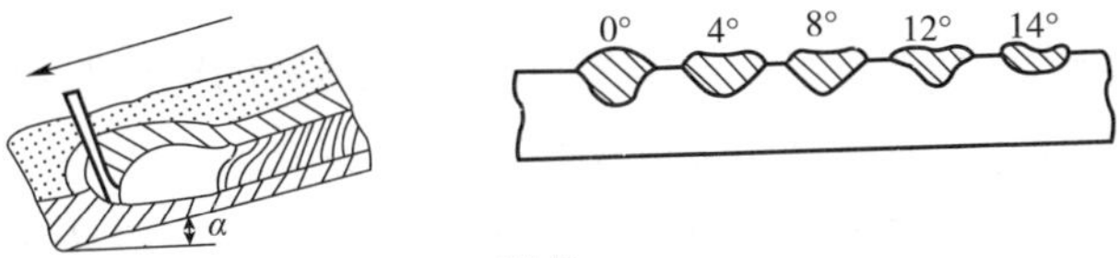

(b) 下坡焊

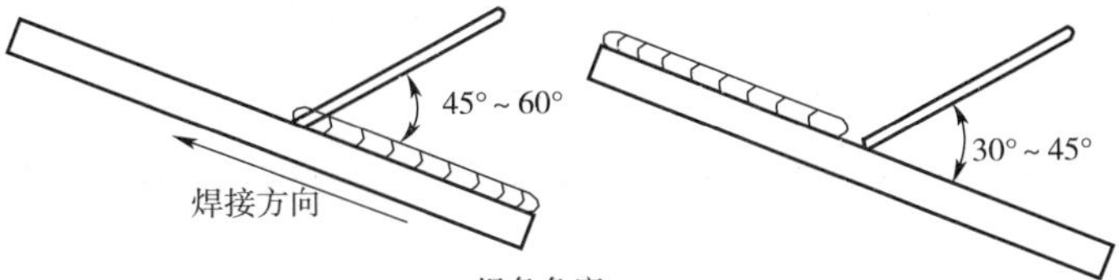

(c) 焊条角度

图 5.25 工件倾斜角对焊缝尺寸的影响

下坡焊的情况，如图 5.25（b）所示，与上述情况相反，液体金属靠重力流动到熔池底部，跟着电弧走，电弧的作用力变小使熔深变浅，所以熔深和余高变小，而熔宽有所增大。实际焊接表明，下坡角度 α 为 6° ~ 12° 的下坡焊，可使焊缝表面成形得到改善。但如果下坡角度太大，则会导致未焊透、熔合不良和焊缝流溢等缺陷。

金属结构上的焊缝往往分布在不同的空间位置。在不同位置施焊时，重力对熔池金属的影响不同，常常对焊缝的成形带来不良影响，需要采取措施（焊条角度和运弧方法）来削弱这种不良影响。

4. 操作姿势

操作姿势是基础，它影响着身体的平衡和稳定性，影响着焊条角度和操作技能正常发挥。焊接时要有正确的操作姿势、协调稳固的体位，焊工与焊件的距离要适当，并面对焊缝的角度要正确，这些都影响焊条的左右角度和焊工身体的稳定性。

5. 运弧的作用

运弧的方法有很多，主要是调整熔池温度和形状，以及技巧的运用上，不同形式的焊缝应采用不同的运弧方法。运弧形状决定熔池的形状，如图5.26所示。例如：板材对接的平焊缝、立焊缝、仰焊缝等，板材角接的立焊缝、船形焊缝和角接仰焊缝等，应采用不偏不斜的运弧形式，即熔池形状正，不偏不斜与两侧平行前进，两侧的电弧长度和停留时间相等。但两侧电弧的长度不能低于中间，否则会发生咬边问题，而电弧在中间过渡要快且低，目的是控制熔池温度的平衡，以达到要求的熔池形状。而板材对接横焊缝，管对接45° 焊缝，板角接平焊缝、横焊缝等根据需要改变运弧形状，如斜拉、椭圆形等，两侧的电弧长度和停留时间不相等，熔池形状不正，两侧也不能平行前进，见图5.27。

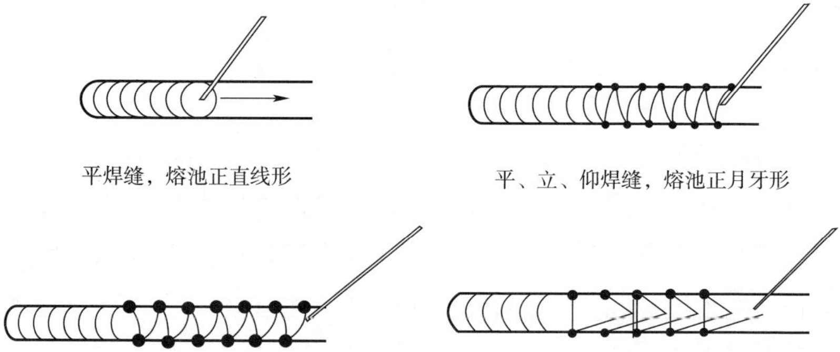

平焊缝，熔池正直线形　　平、立、仰焊缝，熔池正月牙形

平、立、仰，立角焊缝，熔池反月牙形　　平、立、仰，立角焊缝，熔池正三角形

图5.26 运弧形状决定熔池的形状（运弧两侧有圆点表示有停留时间）

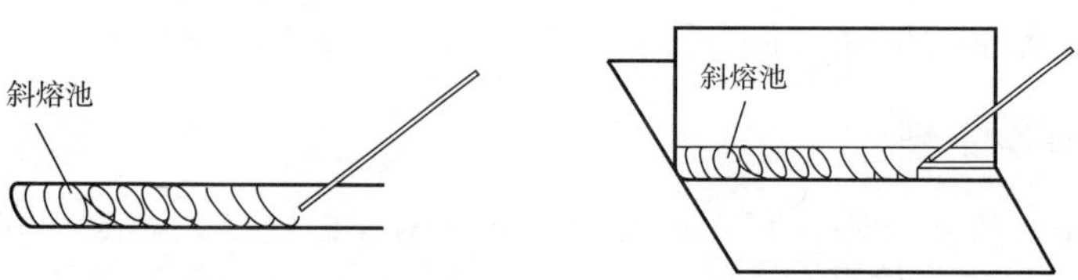

横焊缝，斜椭圆形或斜拉运弧法　　平角焊缝，斜椭圆或斜拉运弧法

图5.27 斜熔池的横、平角焊缝的运弧方法

用这种方法来实现焊道的成形平整，光滑过渡、不咬边、不偏不斜和焊趾大小基本相同。

在电弧的运用上，各种焊接方法都有焊条（枪）角度的改变问题。由于它的改变，熔池形状和熔深也就变化了，无疑对焊缝成形也有一定影响，应根据需要很好地掌握。

合理利用运弧方法，还有技巧的运用问题，如运弧形状结合焊条角度和电弧长短的变化、运弧速度快慢的变化、电弧在熔池两侧停留时间及中间快两侧慢的变化等，都决定焊接熔池形状和焊缝成形的平整及美观。

打底焊的运弧主要是间隙熔合和背面成形无缺陷，从正面控制根部两侧熔合好，焊缝平整无夹角。

填充焊和盖面焊，运弧时注意用好两侧慢（稍停）、中间快的短弧焊的操作方法。两侧慢是要有一定的停留时间，一般情况下应是0.5s左右，从而提高焊缝两侧的温度，增加焊肉，防止咬边产生。层间焊肉厚度一般为2～3mm，焊肉宽度、高度要一致，为盖面焊打好基础。盖面焊一般要熔合坡口边缘1.0～1.5mm，从而获得成形宽度一致的焊缝。

对于45°焊缝，为了获得合适的焊肉高度，两侧停留的时间不相等，高焊位起点停留时间略长于低焊位，高焊位的起点弧长不能低于低焊位。两侧慢，中间快，电弧要短，目的是防止熔池中间温度过高，导致焊肉中间高，而两侧产生咬边。

6. 焊接速度

焊肉大小决定焊枪速度并与电流大小有关，焊接运弧前进速度快、熔深浅、焊肉薄、温度低、焊缝窄；焊接速度不匀，焊缝波纹不整齐，横向运弧速度（频率）的大小影响焊缝波纹的粗细平滑；焊接速度慢，温度较高、焊肉厚、焊缝较宽。

上述几点是焊工在手工焊条电弧焊操作中必须掌握的基本要点。操作姿势是基础，其余是调整熔池温度、控制熔池形状和焊缝成形。当出现焊接质量问题时，应从运弧的形式、运弧的速度、电弧的长度和两侧停留的时间及焊条角度等影响焊接温度方面找原因。

5.3.3　试件清理

1. 焊前清理

焊前按工艺要求对焊缝内外正反面 20mm 以内彻底清理，达到要求方可焊接，防止因油污、锈蚀等影响焊接质量。

2. 焊接中间清理

焊接过程各层要彻底清理，特别是夹角、沟槽处的熔渣，要彻底清理，还要注意飞溅物的清理等，为以后的焊接奠定良好的条件。

3. 焊后清理

盖面焊后，待熔渣冷却后，应将熔渣、飞溅物、氧化物等彻底清理干净，焊接才算完全结束。

5.3.4　工件组装和定位焊

焊工必须了解和掌握图纸和工艺要求，按图纸和工艺组装焊件。焊件组装质量直接影响着焊接质量。工件组装的定位焊焊缝应尽可能短，并要求定位焊焊缝牢固可靠无缺陷。

1. 工件组对定位焊

在正式施焊前将焊件按照图样所规定的形状、尺寸装配在一起，称为工件组对。工件组对时，一是要尽量减少错边，使装配间隙满足工艺要求，必要时可采用适当的焊接夹具；二是对组对的工件，按要求对坡口及其两侧一定范围内的母材进行清理。

（1）定位焊。定位焊是指正式焊接前为装配和固定焊件接头的位置而进行的焊接，俗称点固焊。定位焊所形成的短小而断续的焊缝称为定位焊缝。定位焊有实焊和虚焊两种方法，实焊点在正式焊接留在焊缝里，要求不得有缺陷，而虚焊点当正式焊接时，当焊到此处，将虚焊点去除掉，再继续焊接。

定位焊的主要目的是为了防止产生焊接变形和尺寸误差，使正式焊接能够顺利地进行。因此，定位焊与正式焊接一样重要，不能忽视。

（2）定位焊时必须注意以下几点：

① 定位焊时所用焊条牌号及直径要与正式焊接时相同；焊接电流可比正式焊接时大 10% ~ 15%。

② 如果正式焊接需要焊前预热，焊后缓冷，那么定位焊前也要进行相同温度的预热，焊后也要缓冷。

③ 正式焊接时必须把有缺陷的定位焊缝（始端未焊透、收尾处裂纹等）剔除重焊。

④ 定位焊应避免在焊件的端、角等应力集中的地方进行。

⑤ 定位焊缝的长度、余高及间距可参见表 5.1。

表 5.1 定位焊焊缝的参考尺寸 （单位：mm）

焊件厚度	焊缝余高	焊缝长度	焊缝间距
≤ 4	＜ 4	5 ~ 10	50 ~ 100
4 ~ 12	3 ~ 6	10 ~ 20	100 ~ 200
＞ 12	＞ 6	15 ~ 30	200 ~ 300

2. 试板组装定位焊

试板定位焊的焊缝位置应在试板坡口内，也可在背面两端 20mm 以内，始焊端可少焊些，长度为 15mm 左右，宽度和高度不应超过第一层正式焊缝。终焊端应多焊些，以防止焊接过程中收缩造成未焊段坡口间隙变窄影响焊接。用正式焊接焊条焊接，如有缺陷应处理并重焊，同时将定位焊末端处理成斜坡，见图 5.28。

试板对接装配间隙，一般始焊端比终焊端略窄 1mm。不同的焊缝位置，不同的操作手法，装配间隙也不同，通常是 2 ~ 5mm。

角焊缝（T 形）试件定位焊不留间隙，定位焊缝在试件两端各 15mm 左右，定位焊应在两端两面进行，见图 5.29。

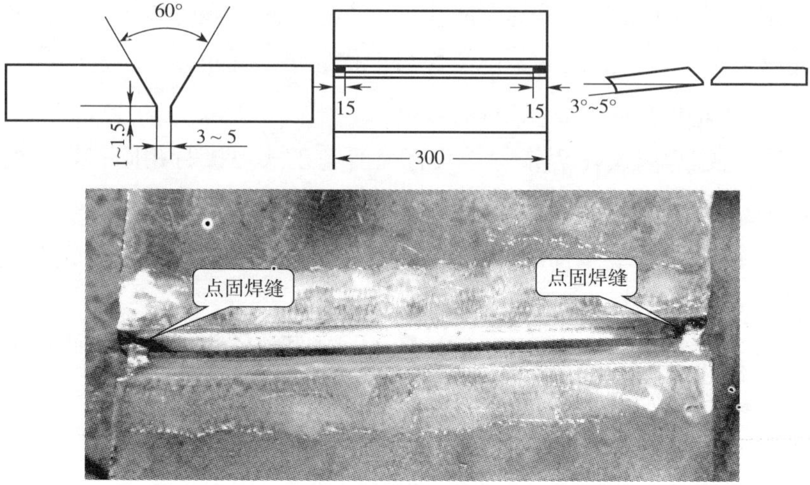

图 5.28　试板对接装配及定位焊示意图

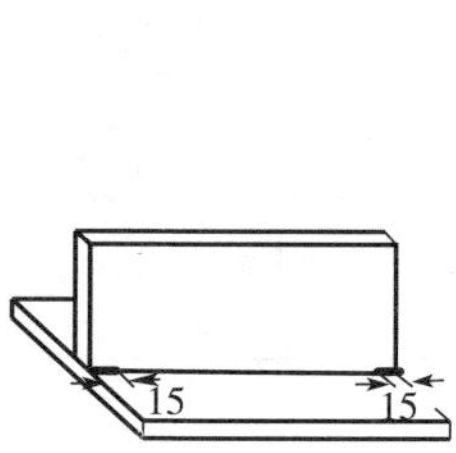

图 5.29　角焊缝（T 形）试件的装配定位

3. 管道对接的定位焊

小口径管试件的对接定位焊一处或两处，定位焊缝一般位于平焊或立焊部位或两侧爬坡处，见图 5.30。大口径管对接与小口径管基本相同，只是要对称多焊几点，见图 5.31。它们都必须在坡口内进行定位焊，水平固定焊试件一般不允许在管的横截面相当于“时钟 6 点”的位置进行定位焊接。当焊接淬硬性大的低合金钢且管径大于 168mm 时，可用和管材质相同的定位板在坡口外进行定位焊。焊后拆除定位板以后，应将定位焊处磨平，并用着色探伤检查表面有无裂纹。

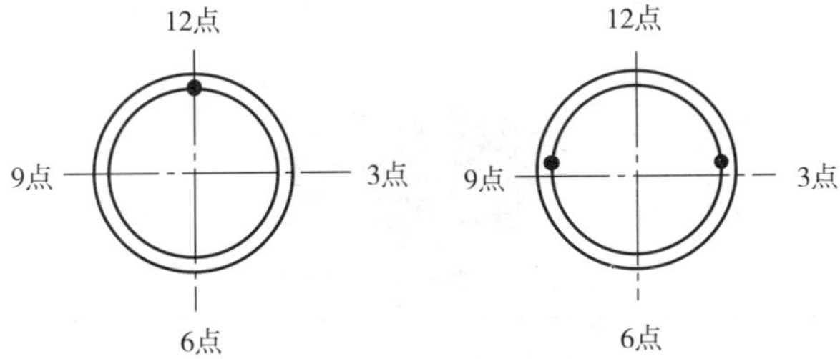

图 5.30 小口径管对接焊试件装配定位

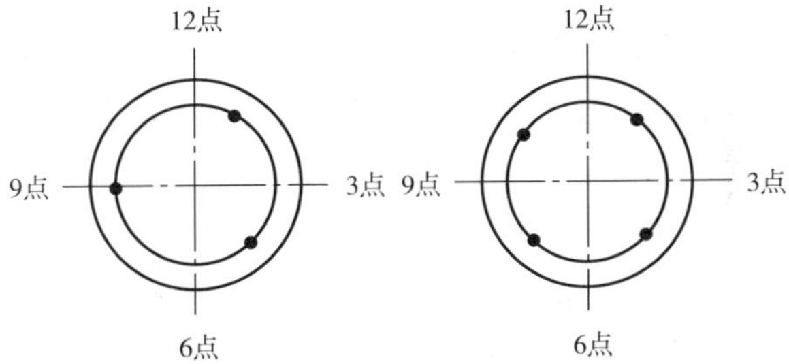

图 5.31 大口径管对接焊试件装配定位

5.3.5 焊接工艺参数对焊缝尺寸的影响

焊接工艺参数是指焊接时，为了保证焊接质量而选定的各物理量的总称，如焊接电流、电弧电压、焊接速度等。

手工焊条电弧焊工艺参数包括：焊条直径、焊接电流、电弧电压、焊接速度、预热温度和热处理温度等。上述这些参数对焊缝成形和焊缝性能有着直接的影响。

影响焊缝尺寸的因素有很多，关系也较复杂，现以手工焊条电弧焊为例来说明各种因素对焊缝尺寸影响的一般规律。

1. 能量参数的影响

焊接电流、电弧电压和焊接速度是决定焊缝尺寸的主要能量参数。

（1）焊接电流。其他条件不变，当焊接电流增大时，焊缝的熔深 H 明显增大，余高 h 也增大，而熔宽 C 基本不变（或略微增大），熔合比 γ 略有增大，见图 5.32。

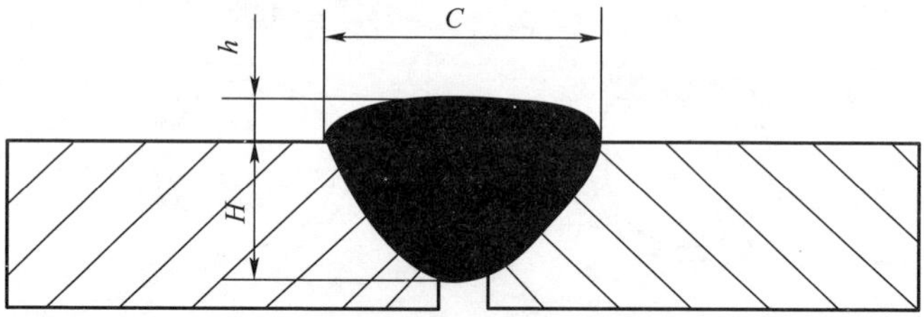

图 5.32　焊缝尺寸示意图

这是因为：

① 焊接电流增大，则工件上的电弧热输入和电弧力均增大，热源作用位置下移，促使熔深增大。熔深 H 与焊接电流 I 近于成正比关系，即

$$H=K_{m}I$$

其中，K_m——熔深系数。

熔深系数 K_m 与电弧焊的方法、焊条直径、焊接速度和电流种类等有关。

② 焊接电流增大，则焊条熔化量增多，但由于熔宽近于不变，所以焊缝余高增大。

③ 焊接电流增大，则弧柱直径也增大，但由于电弧力增强而使得电弧潜入熔池的深度增加，电弧斑点移动范围受到限制，因而熔宽近于不变。焊缝成形系数（$\Phi=C/H$）由于 H 增大而减小，熔合比有所增大。

图 5.33 是焊接电流变化对熔深影响的示意图。

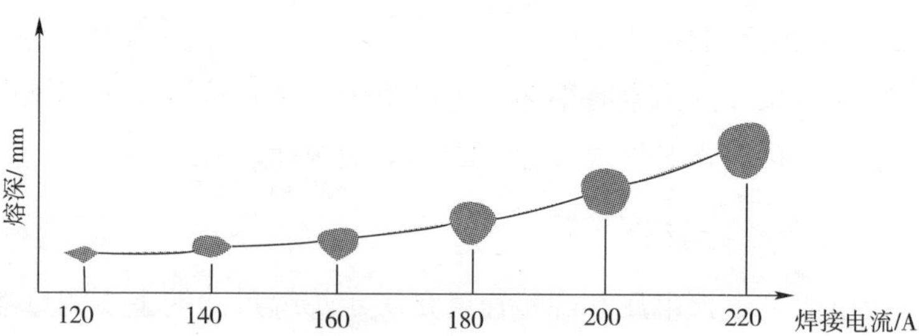

图 5.33　焊接电流变化对熔深影响示意图

（2）电弧电压。电弧电压增大，则电弧功率增加，工件热输入有

所增大，但同时电弧拉长，电弧在工件上的笼罩半径增大，从而熔宽增加而熔深略有减小，余高减小。总体看来，电弧电压的提高，使得母材的熔化量有所增加，因此熔合比 γ 也有所增大。

各种电弧焊方法，由于焊接材料及电弧介质不同，它们的电弧电压及电弧特性不同，焊接电源的外特性也不相同，因此电弧电压的选用范围也不一样。为了得到合适的焊缝成形，通常在增大电流时，也要适当地提高电弧电压，即电弧电压要根据焊接电流来确定。

电弧电压主要由电弧长度来决定，电弧长，电弧电压高，反之则低。焊接过程中，电弧不宜过长，否则会出现电弧燃烧不稳定，飞溅大，熔深浅及产生咬边、气孔等缺陷。所以应尽可能选择短弧。

（3）焊接速度。提高焊接速度，线能量就会减小，熔宽和熔深明显减小，余高也减小，而熔合比近于不变。

焊接速度的大小是焊接生产效率高低的重要标志之一。在保证焊接所必要的线能量和给定的焊缝尺寸的前提下要提高焊接速度，就必须同时提高焊接电流和电弧电压，这三个参数是相互联系的，需进行优化匹配。

2. 焊接电源种类以及极性的影响

电流种类（直流或交流）和直流时的极性（正接或反接）不同时，熔池处于电弧的阳极或阴极，或处于交变的极性，熔池温度及熔池受力都有明显差别，因此对焊缝成形也有明显的影响，而且这种影响还与电弧焊方法、电弧介质有密切关系。

焊接电源选择的依据是被焊工件的材质及焊接时采用的焊条类型等，实质是对极性的选择。如碱性焊条应选用直流弧焊电源反极性进行焊接，因为碱性焊条药皮的成分基本上是矿物质，需要较高的温度才能使之熔化更充分，电弧才能更稳定，选择直流弧焊电源无疑对焊接质量有利。焊接电源与焊条的适用关系见表 5.2。

表 5.2　焊接电源与焊条适用关系

电源种类	极　性	产生温度 /℃	适用焊条	电弧稳定性	飞溅大小
交　流	无	—	酸　性	√	小
交　流	无	—	碱　性	×	大
直　流	正　极	弧柱附近 2600	碱　性	√	小
直　流	负　极	弧柱附近 2400	碱　性	×	大
直　流	—	弧柱中心 6500 左右	—	—	—

3. 焊条直径的影响

焊条直径的大小对焊接质量和生产效率影响很大。焊条直径是根据焊件厚度、焊接位置、接头形式、焊接层数等进行选择的。厚焊件可以采用大直径焊条及相应的焊接电流，这样有助于焊缝金属的填充量和热量在接头中完全熔合和适当的熔深。

厚度较大的焊件，搭接和 T 形接头的焊缝应选用大直径的焊条。带坡口需多层焊的接头，第一层焊缝应选用小直径焊条，这样在接头根部容易操作，以后各层可用大直径焊条以得到适当的熔深和提高熔敷效率。

焊接电流的选择直接影响焊接质量和生产效率。焊接电流过大，熔深大，而且焊条后部容易发红，药皮易失效或脱落，保护效果变差，造成气孔和飞溅，出现烧穿和咬边等缺陷；焊接电流过小，则熔深浅，电弧不稳定，易造成未焊透、未熔合、气孔和夹渣等缺陷。

确定焊条电弧焊焊接电流大小要根据焊条类型、焊条直径、焊件厚度、接头形式、焊接位置、母材材质和施焊环境等因素，其中最主要的是焊条直径和焊接位置。焊接电流和焊条直径的经验公式如下：

$$I=dk$$

式中，I——焊接电流，A；

d——焊条直径，mm；

k——经验系数，范围是 35 ~ 55。

5.4 单面焊双面成形技术

单面焊双面成形技术一般用于厚板的多层多道焊打底、薄板的单道焊及管道焊接。

单面焊双面成形就是只能在开单面坡口的一侧进行焊接，在坡口背面不采取任何辅助措施，焊后即可在坡口的正反两面得到均匀整齐、成形良好、质量符合要求的焊缝的焊接操作技术。

单面焊双面成形的操作方法有两种：一种是连弧焊法，另一种是断弧焊法。连弧法是在一根焊条焊接过程中不存在人为的熄弧，通过选择适当的焊接工艺参数、运条方法、焊条角度来控制熔池温度及熔池形状，达到单面焊双面成形的目的；断弧焊法则是通过电弧的不断引燃和熄灭来控制熔池温度及熔池形状，达到单面焊双面成形的目的，而断弧焊又可分为一点法、二点法、三点法 3 种，如图 5.34 所示，常用一点击穿法。

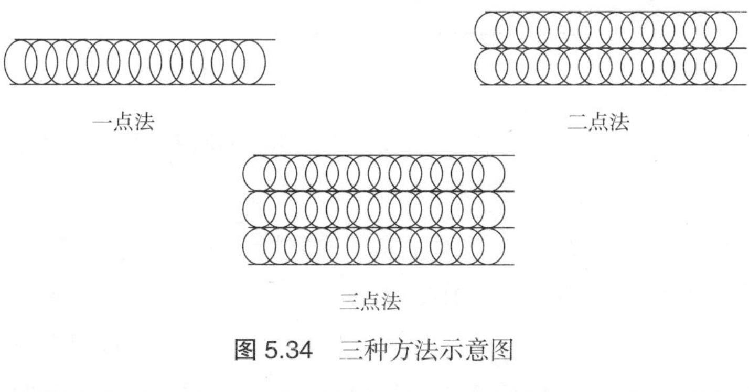

图 5.34 三种方法示意图

连弧焊法焊接速度快、生产效率高，最适用焊接工程大批量的焊接任务，但对焊工的技能要求高，对对口间隙要求较严格。而断弧焊焊接速度慢，焊接技术易掌握，焊接过程中发现产生缺陷时可及时处理，可清晰地观察熔池大小和形状。

5.4.1　连弧法打底焊的操作方法

1. 连弧法打底焊

连弧法打底焊是单面焊双面成形的关键，焊前可以准备一块小试板，试验电流大小是否合适，极性是否正确，检查焊条是否偏心，一切正常后才能引弧焊接。

焊接时焊条与焊缝两侧的板面应垂直，为克服直流弧焊机电弧受偏吹的影响，焊条与焊接方向的夹角开始为 35° ~ 45°，然后逐渐偏转，运条至焊件中间位置时为 70° ~ 90°，到试板末端时将焊条转至 120° 左右（图 5.35）。总之焊接时，焊条角度要让焊条熔化时药皮套筒口的倾斜度始终对正在间隙之间，并不断变换焊条角度。

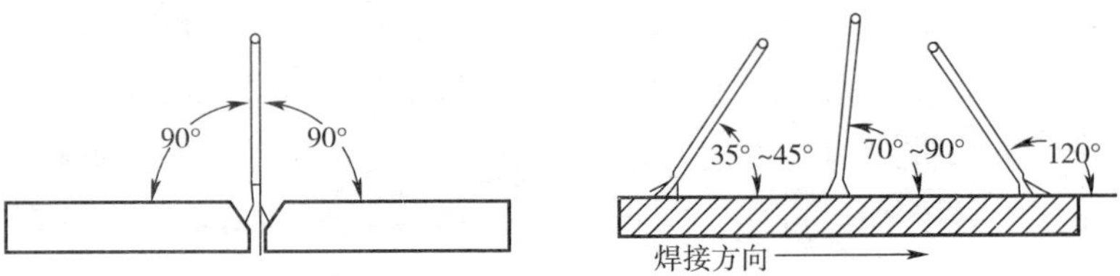

图 5.35　连弧法打底焊焊接时焊条角度

引弧点应在焊件端头坡口处，用划擦方法将电弧引燃，严禁在坡口面外的母材面上引弧。

电弧引燃后切勿马上运条，而应将电弧稍提高一点，稳弧 1 ~ 1.5s，以便预热坡口及校验焊条熔化时药皮的套筒口是否偏离间隙中心。待电弧稳定燃烧后迅速压低焊条，将熔滴送至坡口钝边处，这时坡口两侧的钝边达到半熔化状态形成熔孔，熔孔的轮廓是由熔池边缘两侧被熔化的缺口构成的，同时会听到电弧穿透背面的声响。操作时运条是采用直线不摆动或小幅摆动运条方法，即焊条端头紧压坡口根部扭动前行（图 5.36）。

焊条摆动应始终保持在钝边口两侧之间进行，两边停留时间的长短及幅度取决于能否控制熔孔的大小一致，一般熔化缺口控制在

0.5～1mm 为宜。在运条时如发现熔孔不明显，说明钝边两侧未达到半熔化状态，此时会产生未焊透，这时摆动幅度要小，乃至不摆动而采取直线运条，并压低电弧，焊肉越薄越好。如发现熔池前端熔孔增大，熔池温度过高，熔化缺口太大，背面不易熔合，熔化金属有下坠现象，背面将会出现焊瘤，这时应将电弧适当稍沿两侧坡口钝边来回摆动，使之背面熔合成形好，摆动时在两边停留时间长一些，并以此控制熔池温度，使热量移向坡口边缘，因坡口较厚，不易烧穿，否则就必须调小电流。正常连弧焊一根焊条可焊接的长度为 150～200mm。由于坡口制备不一定均匀一致，故必须随时观察熔池的温度及熔孔形状的变化，掌握运条（包括摆动）速度，才能保证根部良好的成形。

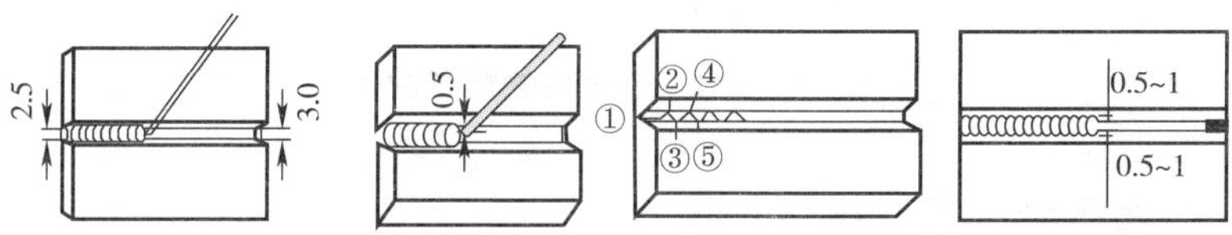

(a) 熔孔形状　(b) 运行轨迹　(c) 熔化缺口

图 5.36　连弧法打底焊熔孔形状及运条轨迹

当焊条长度剩下 50mm 时需要做熄弧的准备，为防止出现冷缩孔及形成弧坑裂纹，应将弧坑填满。一般熄弧时可在电弧熄灭前将电弧压低，焊条向后移动约 5mm，快速后移停下来使斜坡自然形成或连续过渡几个熔滴（图 5.37）。

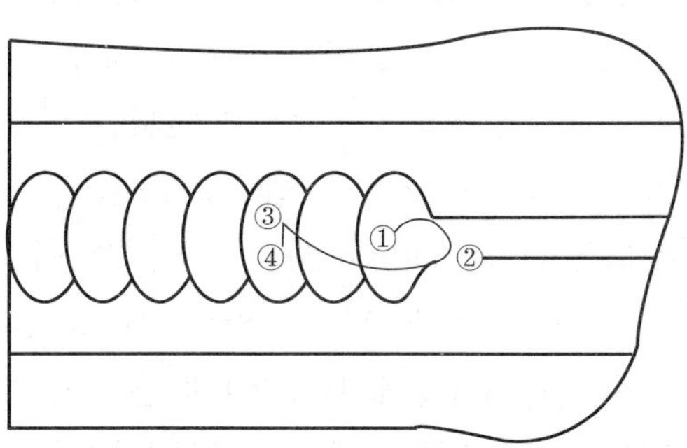

图 5.37　连弧法打底焊的收弧及熄弧方法

为了保证更换焊条衔接处的焊缝熔合良好，可先将熄弧处用錾子或砂轮修出一个长约 15mm 的斜坡，如图 5.38（a）所示。更换焊条时，要迅速压低电弧，将电弧移到搭接末尾并停留 1 ~ 1.5s，待尾焊点重熔并听到“噗噗”声时，再按直线小扭摆动运条继续施焊，例如在平焊、仰焊时经常使用此运条方法，如图 5.38（b）所示。

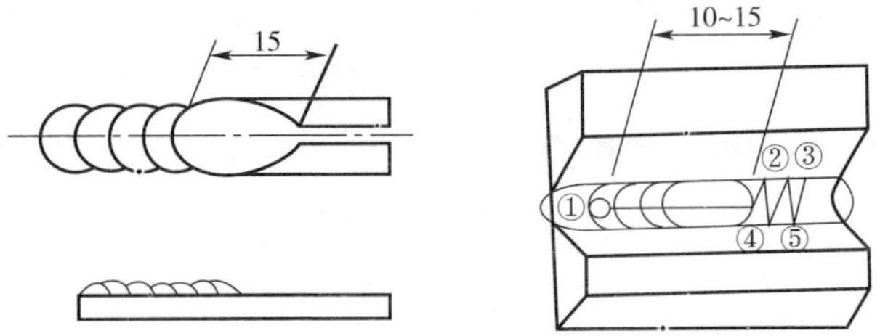

(a) 准备斜坡　　(b) 接头处轨迹

图 5.38　连弧法打底焊换焊条的接头

2. 连弧法打底焊操作要领

（1）一看熔孔：平焊缝和仰焊缝打底时，焊接运条方法基本相似，焊接位置不同，焊接操作难易程度不同，由于对口间隙比较小，所需要的熔孔也比较小，焊接时焊条前进角度为 70° ~ 85°，焊条直径大于对口间隙。实际焊接时焊条端头是托着根部缝隙走，焊接时熔孔是时隐时现，不能大，也不能没有，即打开熔孔看得见，熔合在一起看不见熔孔。随着焊接交替进行，待一定时间之后，靠电弧力的作用将铁水推到焊缝背面去，使其熔合成形好。焊接速度快了看不见熔孔，易产生焊不透，或熔合不好等缺陷；焊接速度慢了，会产生焊瘤、凹陷或烧穿等缺陷。

根据焊接时背面熔合成形的规律，确定焊接速度。立焊时熔孔明显，易实现观察和控制熔池的形状和熔孔的大小，立焊试件的尺寸见图 5.39，焊条直径为 3.2mm，焊条角度为 70° ~ 85°，运条方法以反月牙形或横摆锯齿形为好，焊接时熔池呈水平状上升形态，由焊条角度和电弧伸进根部的深度及焊接速度控制两面成形。横焊时熔孔也明显，易观察和控制熔池的形状和熔孔的大小。

熔池的形状应为斜椭圆形，焊接引弧后用短弧焊，将上下钝边加热熔化连在一起形成搭桥，然后沿下钝边前行 3 ~ 5mm 在 1 点处迅速抬起，往后斜上方 5mm 左右即 1' 点处，电弧稍高，停 0.5s 左右，压低电弧向下前方在 2 点处稍停，上扬返回 2' 点处再稍停 0.5s 左右（上面比下面停留的时间要稍长些），然后向下压紧电弧往下前方在 3 点处稍停，然后返回到后斜上方 3' 点，照此循环即可顺利进行焊接（图 5.40）。熔池前部两侧有深入母材 1 ~ 1.5mm 的熔孔，当熔孔过大时，应减小焊条与试板的下倾角和电弧深入的深度，即减弱电弧热量直射的强度，焊条的摆动和焊接速度应稍快。当熔孔过小时，应增大焊条与试板的下倾角，焊接速度要稍慢，以此控制熔池温度和熔孔大小。并用电弧伸进熔孔的深度和焊接速度，控制背面焊肉的大小。

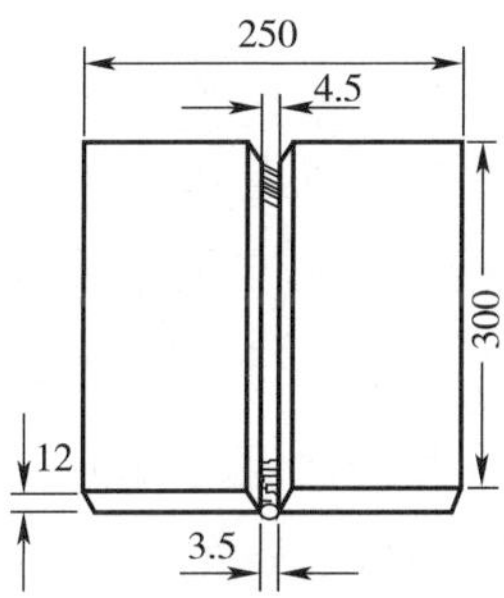

图 5.39　打底焊对口间隙示意图

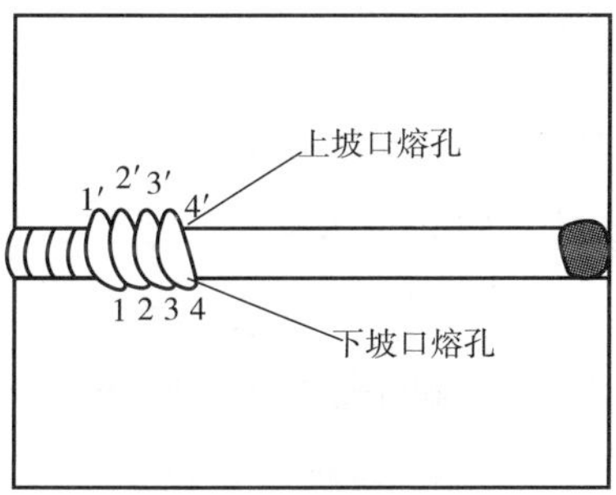

图 5.40　焊接顺序

（2）二听击穿声：打底时，电弧击穿焊件坡口钝边根部，当发出连续、均匀不间断的“噗噗”声，说明已焊透，背面成形好；没有这种声音说明没焊透；声音不均匀说明背面成形不良；声音拉长说明焊穿背面没有熔合在一起。一般采用短弧焊接，焊条角度为 70° ~ 85° ，焊接时要随时调整适当的焊条角度和小幅度地运弧，控制电弧的吹力和熔池温度。

（3）三要熔池搭接准：控制好熔池和熔孔的大小，使每个熔池与前面的熔池搭接 2/3，保持电弧的 1/3 部分在焊件背面燃烧，以加热和击穿坡口根部，使背面熔合好、不脱节。

5.4.2　断弧法打底焊的操作方法

1. 断弧法打底焊

这时的对口间隙比连弧法打底焊略大些，见图 5.39，在定位焊缝上,引弧后前移定位焊缝端头压低电弧,加热两侧钝边待 1 ~ 1.5s 之后，可以听到电弧穿透坡口发出的“噗噗”声，同时可以看到坡口两侧的金属开始熔化，形成熔池，出现熔孔，此时所形成的熔池是整条焊缝的起点，所以一般称它为熔池座。熔池座建立以后应迅速提起焊条，熄灭电弧。然后在第一个熔池座的 1/2 ~ 2/3 的地方重新引燃电弧、熄灭电弧，在坡口两侧钝边交替进行，依次循环，直至完成整条焊缝。一般断弧焊法的焊条向前移动的轨迹基本上是直线形，采用点状击穿法，即两侧钝边交替击穿法。对口间隙较小时，熔化金属的给送基本上在间隙中间，只有在间隙较大、钝边较薄的情况下，熔化金属给送在间隙中间很难形成熔池座，出现下坠现象时，才将电弧移向坡口的一侧。因坡口钝边较厚，容易形成熔池座，然后再将熔化金属铺向另一侧，就不会烧穿或出现焊瘤。断弧焊运条的速度和熔池座之间重叠量的大小，视间隙大小和被熔化的钝边熔孔的大小而定。如间隙小，重叠可少一些，间隙大则重叠应多一些。断弧法打底焊的焊缝的收尾及接头可参照连弧焊的方法。

2. 断弧法打底焊的操作要领

一是燃弧时必须是短弧；二是熔孔明显一样大；三是用两点击穿交替法；四是熔池连接必须准确；五是确保背面熔合成形好；六是燃弧要稳、准、快；七是灭弧要果断。

3. 断弧法打底焊的适用性

（1）平焊缝、立焊缝断弧法打底焊。采用两点击穿法（图 5.41），即先后击穿两侧钝边，不同步但同行，并结合电弧到达根部需要的深度，一般有 1/3 左右熔池在背面形成，这样可以做到背面成形好，无缺陷。

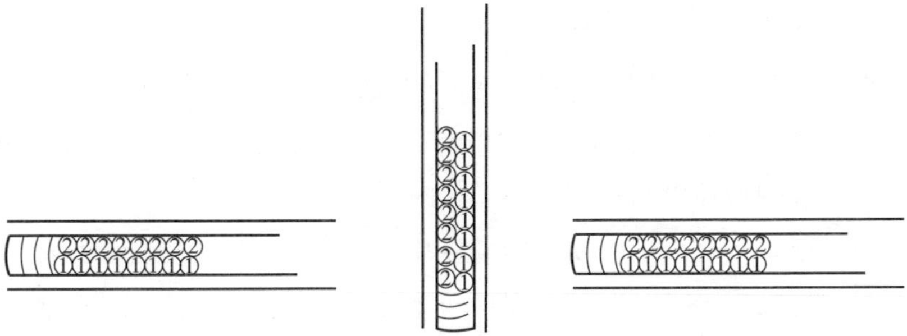

(a) 横焊缝两点击穿法　(b) 立焊缝两点击穿法　(c) 平、仰焊缝两点击穿法

图 5.41　两点击穿法

（2）横焊缝断弧法打底焊。因熔化金属自重的关系，焊接时虽然也是两点击穿法，但不是同步同行，即先击穿熔化下钝边，后击穿熔化上钝边，同时要有一定的斜度。因此是下部先行，上部跟随，同时结合电弧伸进根部的深度，使熔池透过背面 1/3 左右，达到背面成形好并无缺陷。

（3）仰焊缝断弧法打底焊。一种是与前面的几种焊位的焊接方法基本相同; 另一种是仰焊位的对口间隙较大(大于焊条直径不能夹焊条)，焊条穿过间隙，电弧是在背面形成（焊条前进角度的斜度也大），燃弧、断灭弧在钝边背面交替进行，熔池有 2/3 基本上是在背面形成的，这样不但背面成形好，也可防止背面出现凹陷、正面产生焊瘤和夹角缺陷。这与氩弧焊的内填丝焊法原理相同，见图 5.42。

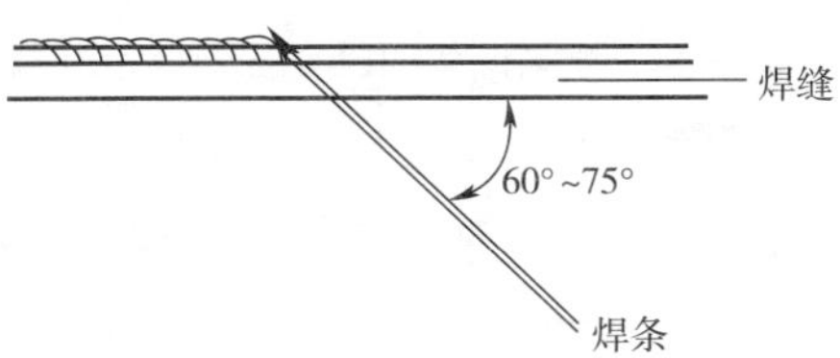

图 5.42　电弧的 2/3 在背面燃烧的焊接方法示意图

5.4.3　其他各层的焊接

各种焊件位置不同，焊条角度、运弧形状和方法也不相同，但控制熔池形状原理是相同的，都是通过运弧形状和两侧停留时间、电弧长度、运弧频率和焊接速度来控制熔池形状的。

第一层焊接完成后，要待熔渣冷却后再清理，以免焊缝温度过高粘渣。清渣应彻底，尤其对打底焊道两侧的尖角部分，要用钢丝刷刷至露出金属光泽，接头及高出部分需修磨平整。

第二层焊接可采用直径粗一些的焊条，适当提高焊接电流，运条方法、焊条倾角要视具体情况而定。如第一层焊得较平整，两边没有深沟、尖角，运条可采取直线形，否则应采取锯齿形，即运条时在坡口两侧适当多停留，两慢一快，保证焊缝熔化充分，熔池外边尽可能直，均匀操作。而中间快一点，有利于两边深沟、尖角处的杂质浮到熔池表面，避免出现夹渣，并防止咬边等缺陷的产生。

在填充焊接时，要尽量做到焊接速度均匀，不要忽快忽慢。要观察熔化金属的流动情况，一定要使熔化金属铺到边上，焊缝中心部位不能高于两侧，这样便于清渣，有利于后面几层的焊接。

填充焊时的注意事项，一是要层间熔合好、焊道平整无缺陷；二是控制层间厚度为 2 ~ 3mm，为盖面焊创造条件。

多层焊每层的接头要注意错开。第二层以后的接头，应在前一层焊缝上引弧，再与前一层收尾处衔接。这样可以熔化掉引弧处的小气孔，同时接头也不会高出焊缝。每层的厚度应在 2 ~ 3mm，并尽量保持一致。当焊至盖面焊的前一层时，要保持坡口两侧的基本轮廓线不被破坏，焊道应低于母材 1mm 左右，使盖面焊运条有一个整齐的基准线。盖面焊时，如平、立、仰焊时，焊条角度为 70° ~ 90° ，运条方式可采用锯齿形或小弧度反月牙形，在保证焊道表面平滑不咬边的基础上确定电弧在两侧的停顿时间，其他要求与填充焊相同。

5.5 立向下焊焊接技能

手工焊条电弧焊的立向下焊焊接技术是指在焊接结构中的立焊位置，焊接时采用立向下焊法，由上向下运弧进行施焊的一种操作方法。当采用该方法时，坡口要求留一定的均匀钝边并留有一定的间隙，焊接电流要大，电弧吹力要强，熔深大，焊条不宜摆动。该操作方法具有焊接质量好、焊接速度快、生产效率高、易学习掌握等优点，特别适用于大口径管线的焊接。

5.5.1 焊接特点

纤维素型焊条的药皮中含有大量的有机物，这些有机物有木粉、淀粉、酚醛树脂粉等；药皮中含有较多的氧化性矿物，如钛铁矿、磁铁矿、锰矿及各种碳酸盐等。

焊接时，有机物燃烧分解，产生大量气体将焊接区域空气排掉，保护焊接区，从而避免熔池金属的氧化和氮化，同时电弧中存在这些高电离气体，导致高电弧电压，使电弧穿透能力增强，熔深增大。

纤维素型焊条的熔渣短，高温时流动性好，随着温度降低，熔渣的黏度迅速提高，并且凝固速度快。熔渣的迅速凝固既保证了焊缝成形，对熔融金属又有撑托的作用。焊接时产生的大量气体可增大电弧吹力，有利于熔滴过渡，增加熔深。

在气体吹力和熔渣的共同作用下使管道立向下焊顺利进行。

5.5.2 管道立向下焊焊接工艺

1. 焊接材料

管道全位置立向下焊焊接，应根据不同管材、输送介质选用不同焊条。输气管线原则上选用低氢型立向下焊焊条，如 E5015（J507）等；

输油、水管线选用纤维素型立向下焊焊条，如 E4311（J425X）、E5011（J505X）等。

立向下焊焊条要严格按使用说明书的要求使用，烘干温度和保温时间见表 5.3。

表 5.3　立向下焊焊条烘干温度和保温时间

焊条类型	烘干温度 /℃	保温时间 /h
低氢型	350 ~ 400	1
超低氢型	400 ~ 450	1
纤维素型	70 ~ 80	0.5

2. 焊接电源及极性

立向下焊焊接应采用直流电源反极性接法。

3. 坡口形式及尺寸

管道立向下焊坡口见图 5.43，管道立向下焊焊缝尺寸见表 5.4。

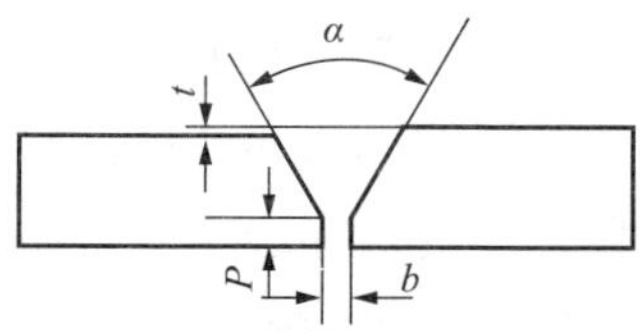

图 5.43　管道立向下焊坡口示意图

表 5.4　管道立向下焊对接焊缝尺寸

焊条类型	尺寸范围	坡口角度 α/（°）	钝边厚度 p/mm	对口间隙 b/mm	错边 t/mm
低氢型	推荐范围	30 ~ 35	1.2 ~ 2.4	1.2 ~ 2.0	连续长度不超过周长的 10%
	允许范围	25 ~ 37.5	0.8 ~ 2.4	0.8 ~ 2.4	
纤维素型	推荐范围	30 ~ 40	0.4 ~ 1.6	2.4 ~ 3.2	
	允许范围	27.5 ~ 40	0.4 ~ 2.4	2.0 ~ 3.6	

4. 焊接工艺参数

管道全位置立向下焊焊接，应采用多层多道焊，层间必须认真仔细清理熔渣和飞溅物等，焊接层数应根据厚度来确定。纤维素型焊条立向下焊焊接工艺参数见表 5.5，低氢型焊条立向下焊焊接工艺参数见表 5.6。

表 5.5　纤维素型焊条立向下焊焊接工艺参数

层次＼项目	焊条直径/mm	电流极性	焊接电流/A	电弧电压/V	焊接速度/(mm/min)	运弧方法
打底焊	3.2 4.0	直流反接	70 ~ 130 120 ~ 180	21 ~ 30 22 ~ 31	10 ~ 30 15 ~ 50	直　拉
第二层	3.2 4.0	直流反接	90 ~ 150 140 ~ 190	24 ~ 34 25 ~ 35	10 ~ 30 15 ~ 35	直拉或摆动
第三层及以后各层	4.0 4.0	直流正接	110 ~ 170 140 ~ 220	25 ~ 35 26 ~ 36	7 ~ 35 10 ~ 40	直拉或摆动

表 5.6　低氢型焊条立向下焊焊接工艺参数

<table>
<tr><th colspan="2">层次＼项目</th><th>焊条直径/mm</th><th>电流极性</th><th>焊接电流/A</th><th>电弧电压/V</th><th>焊接速度/(mm/min)</th><th>运弧方法</th></tr>
<tr><td colspan="2">打底焊</td><td>3.2</td><td>直流反接</td><td>70 ~ 130</td><td>19 ~ 26</td><td>6 ~ 20</td><td></td></tr>
<tr><td rowspan="2">填充及盖面焊</td><td>第二层</td><td>3.2
4.0</td><td>直流反接</td><td>90 ~ 140
120 ~ 210</td><td>20 ~ 27
21 ~ 30</td><td>10 ~ 30
15 ~ 35</td><td rowspan="2">直拉或摆动</td></tr>
<tr><td>以后各层</td><td>3.2
4.0</td><td>直流反接</td><td>90 ~ 140
120 ~ 210</td><td>20 ~ 37
21 ~ 30</td><td>6 ~ 25
10 ~ 35</td></tr>
</table>

5.5.3 管道立向下焊焊接操作方法

以纤维素型焊条为例来介绍管道立向下焊焊接操作方法。

（1）打底焊。从管顶部过中心线 10mm 处起弧焊接，在坡口表面上引弧，随后将电弧拉至起焊处。电弧在起焊处应稍作停留，待钝边熔透后沿焊缝直焊下来，采用短弧操作。管道立向下焊打底焊焊条倾角见图 5.44。

（2）填充焊。填充焊应为盖面焊打下良好的基础，焊道要平整，两侧熔合要良好，不能破坏坡口外形。焊条倾斜角度与打底焊基本相同。

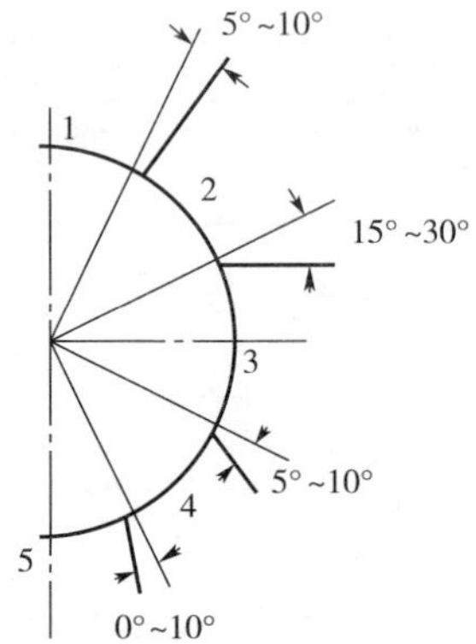

图 5.44　管道立向下焊打底焊焊条倾角

（3）盖面焊。盖面焊是保证焊缝外形尺寸的关键焊接，焊接电流不宜过大，焊条采用直线略加摆动运弧，摆动要适当，以压盖两侧坡口 1.5 ~ 2.0mm 为好，见图 5.45。同时焊条摆动，有利于气体析出和熔渣浮出，可防止气孔和夹渣产生；对控制熔化金属，防止液体金属下淌，保证焊缝成形有利。收弧时电弧慢慢拉长，焊接速度逐渐加快，以保证焊缝均匀过渡。

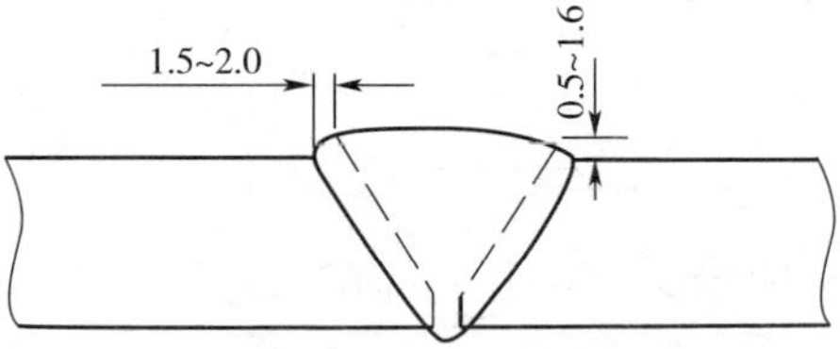

图 5.45　管道立向下焊焊缝外观成形

第 6 章

焊条电弧焊操作实例

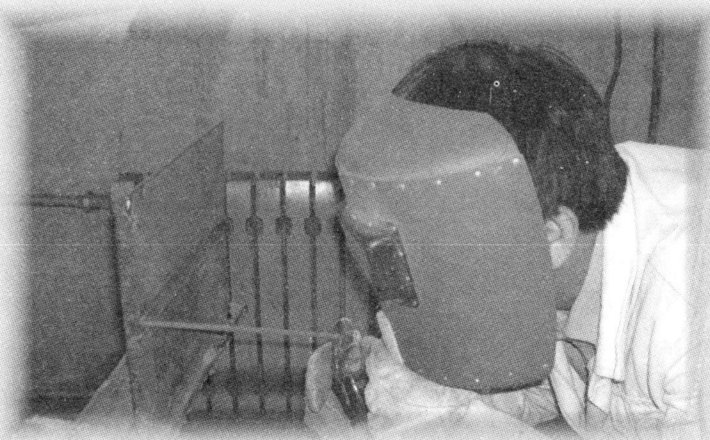

6.1　单面焊双面成形实例

只能在开单面坡口的一侧进行焊接，在坡口背面不采取任何辅助措施，焊接完成后即可在坡口的正反两面得到均匀整齐、成形良好、质量符合要求的焊缝，这种焊接操作技术就是单面焊双面成形。

单面焊双面成形的操作方法有两种，即连弧焊法和断弧焊法。

连弧焊法是指在一根焊条焊接过程中不存在人为地熄弧，通过选择适当的焊接工艺参数、运条方法、焊条角度来控制熔池温度及熔池形状；断弧焊法则是通过电弧的不断引燃和熄灭来控制熔池温度及熔池形状。两种方法都能达到单面焊双面成形的目的。

6.1.1　连弧法打底焊

连弧法打底焊：第一层打底焊是单面焊双面成形的关键，焊前应准备小试板，试验电流大小是否符合要求（图 6.1），极性是否正确，焊条是否偏心，一切条件正常后才能引弧焊接。

图 6.1　试验电流

焊接时，焊条与焊缝两侧的板面应垂直，焊条与焊接方向的夹角开始为 35° ~ 45° ，然后逐渐偏转，运条至试板中间位置时为 70° ~ 90° ，到试板末端时将焊条转至 120° 左右（图 6.2）。

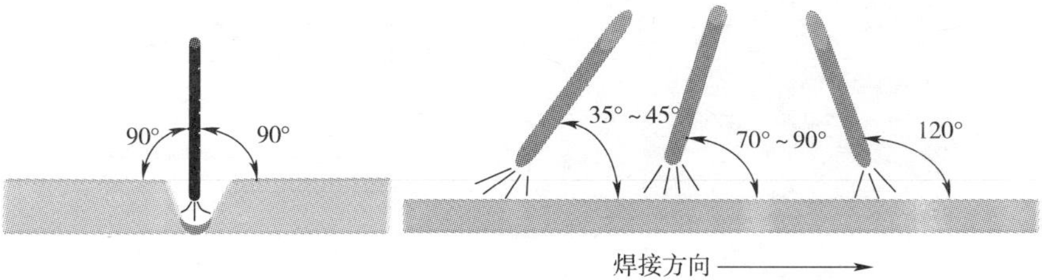

图 6.2　焊接时焊条角度

引弧点应在试板端头坡口处，用划擦方法将电弧引燃，不能在坡口面外的母材面上引弧。电弧引燃后不要马上运条，而应将电弧稍拉长一点，稳弧 1 ~ 1.5s，目的是预热坡口及校验焊条熔化时药皮的套筒口是否偏离间隙中心。等待电弧稳定燃烧后，迅速将焊条压低，将熔滴送至坡口钝边处，这时坡口两侧的钝边达到半熔化状态形成熔孔，同时会听到电弧穿透背面的声响。操作时，采用直线不摆动运条方法，如图 6.3 所示。焊条摆动应始终保持在钝边口两侧之间进行，两边停留时间的长短及幅度取决于能否控制熔孔的大小一致，一般熔化缺口控制在 0.5 ~ 1mm 为宜。

在运条时，注意观察熔孔的形态，如熔孔不明显，说明钝边两侧未达到半熔化状态，此时会产生未焊透，这时摆动幅度要小，乃至不摆动而采取直线运条，并压低电弧，焊肉越薄越好。如发现熔池前端的熔孔增大，熔池温度过高，熔化缺口太大，出现熔化金属下坠现象，则背面将会出现焊瘤，这时应将电弧适当提高一点，摆动时在两边停留时间长一些，以此控制熔池温度，使热量移向坡口边缘，因坡口较厚，不易烧穿。否则就必须调小电流。正常连弧焊一根焊条可焊接的长度为 150 ~ 200mm。由于坡口制备不一定很均匀，所以要随时观察熔池的温度及熔孔形状的变化，掌握运条（包括摆动）速度，才能确保根部良好的成形。

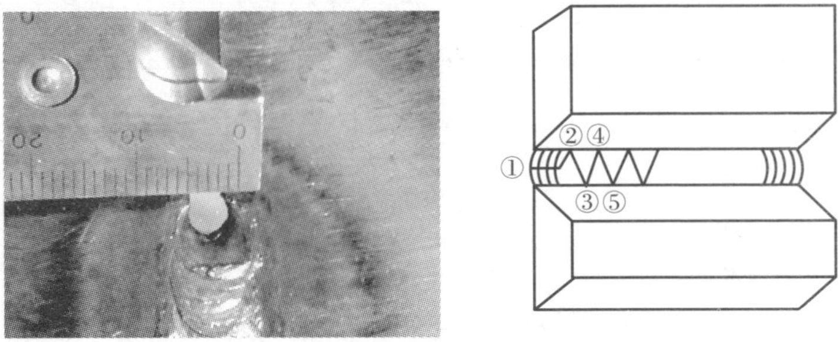

熔孔直径　　　　　　　　运条轨迹

图 6.3 熔孔形状及运条轨迹

当焊条长度只剩下 50mm 时需要做熄弧的准备。一般熄弧时可在电弧熄灭前将电弧压低，焊条向后移约 5mm，连续过渡几个熔滴，如图 6.4 所示。先将熄弧处用錾子或砂轮修磨出一个长约 15mm 的斜坡，如图 6.5（a）所示，目的是为了保证更换焊条衔接处的焊缝熔合良好。更换焊条的起焊位置应在斜坡后 10 ~ 15mm 的焊缝上，引弧后焊条不做摆动而做直线运条，当电弧拉到斜坡口时，要迅速压低电弧，将电弧移到搭接末尾并停留 1 ~ 1.5s，待尾焊点重熔并听到“噗噗”声时，再按直线小摆动运条继续施焊，如图 6.5（b）所示。

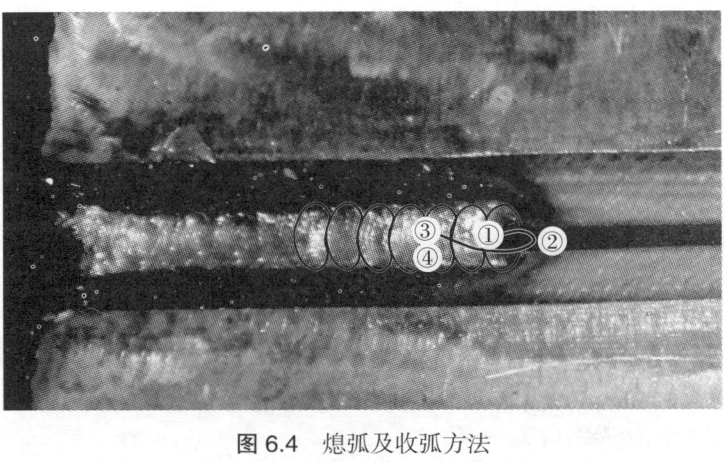

图 6.4 熄弧及收弧方法

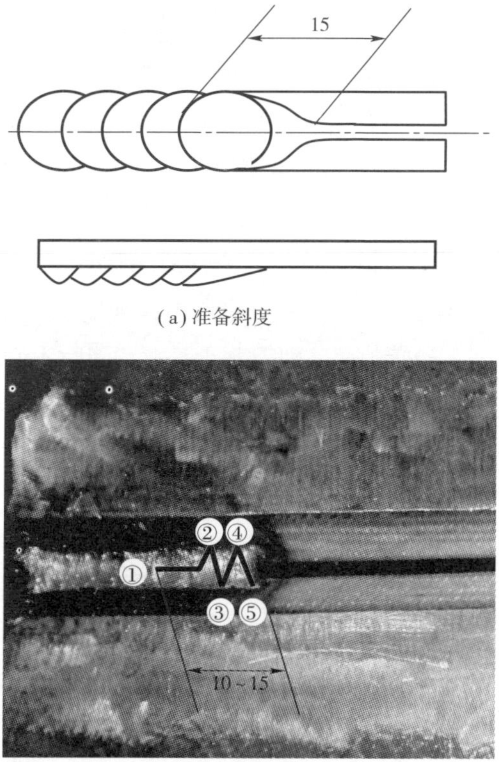

(a) 准备斜度

(b) 接头处运条轨迹

图 6.5 更换焊条时的接头

6.1.2 断弧法打底焊

1. 操作方法

对口间隙比连弧焊略大些，断弧焊的引弧方法与连弧焊的引弧方法相同。在试板端头引弧，然后直线运条至定位焊缝与坡口根部相接处，压低电弧，待 1 ~ 1.5s 之后，可以听到电弧穿透坡口发出的“噗噗”声，同时可以看到坡口两侧的金属开始熔化，形成熔池，出现熔孔，此时所形成的熔池是整条焊缝的起点，即熔池座。建立熔池座以后应迅速提起焊条，熄灭电弧。然后，在第一个熔池座的 1/2 ~ 2/3 的地方再重新引燃电弧、熄灭电弧，依次循环，完成整条焊缝。

一般情况下，断弧焊法的焊条向前移动轨迹基本是直线形，采用点状击穿法。熔化金属的给送基本上在间隙中间，只有在间隙较大、钝边较薄的情况下，熔化金属给送在间隙中间很难形成熔池座，出现下坠现象时，才将电弧移向坡口的一侧，因坡口边较厚，容易形成熔池座，然后再将熔化金属铺向另一侧，就不会烧穿或出现焊瘤。断弧焊运条的速度和熔池座之间重叠量 E（图 6.6）的大小，视间隙大小和被熔化的钝边熔孔的大小而定。如间隙小，则重叠少一些，间隙大则重叠应多一些。焊缝的收尾及接头可参照连弧焊的方法。

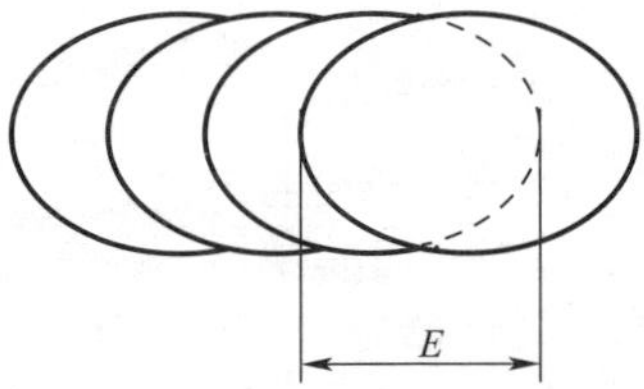

图 6.6　断弧焊的重叠量

2. 断弧焊的适用性

（1）焊条电弧焊：根层焊断弧法打底焊对不同位置的焊缝操作方法有一定差别，如平焊缝、立焊缝采用的是一点或两点击穿法，即先后击穿两侧钝边不同步但同行并结合电弧到达根部需要的深度，一般有 1/3 左右熔池在背面形成，这样可以做到背面成形好无缺陷。

（2）横焊缝断弧法打底焊：一般是一点击穿法，既从左上往右下运弧（图 6.7）摆动幅度要小，因熔化金属自重的关系，焊接时虽然是两点击穿法，但不是同步同行，即先击穿熔化下钝边，后击穿熔化上钝边，同时要有一定的斜度，因此是下部先行，上部跟随，因此是不同步不同行的，同时结合电弧伸进根部的深度，使熔池透过背面 1/3 左右，达到背面成形好无缺陷。

图 6.7 横焊打底

（3）仰焊缝的断弧法打底焊与前面的三种焊位有所不同，仰焊位的对口间隙比较大，焊条顶住间隙，电弧是在背面形成（焊条前进角度的斜度也大），燃弧、断灭弧在钝边背面交替进行，熔池基本是在背面形成，这样不但使背面成形好，也可防止背面出现凹陷、正面产生焊瘤和夹角缺陷。

断弧焊要注意的三个关键点：

① 燃弧时间的长短决定着给熔化金属的多少和熔池温度的高低。

② 断（灭）弧时间的长短控制着熔池温度的高低。

③ 焊接速度的快慢控制着焊肉的高低大小或成形。

6.1.3 第一层、第二层及多层焊接

第一层焊完后，要待熔渣冷却后再清理，以免焊缝温度过高粘渣。清渣时，对打底焊道两侧的尖角部分，要用钢丝刷刷至露出金属光泽，接头及高出部分需要修磨平整（图 6.8）。

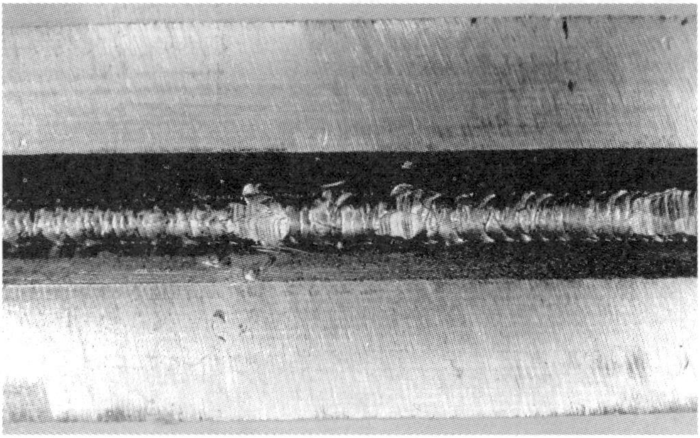

图 6.8　打底层层间清理

第二层焊接可采用与打底焊相同直径或直径粗一些的焊条，适当提高焊接电流，运条方法、焊条倾角要视具体情况而定。如第一层焊缝较平整，两边没有深沟、尖角，运条可采取直线形，否则应采取锯齿形，即运条时在坡口两侧适当多停留一会儿，而中间快一点，以利于两边深沟、尖角处的杂质浮到焊缝表面，防止出现夹渣、咬边等缺陷。

在填充金属时，要尽量做到焊接速度均匀，不要忽快忽慢。注意观察熔化金属的流动情况，一定要使熔化金属铺到边上，焊缝中心部位不能高于两侧，这样便于清渣，有利于以后几层的焊接。

多层焊每层的接头要注意错开。第二层以后的接头，应在收尾处前方的前一层焊缝上引弧，再回到收尾处衔接。这样可以熔化掉引弧处的小气孔，同时接头也不会高出焊缝。每层的厚度应在 2 ～ 3mm，并尽量保持一致。当焊接到盖面焊的前一层时，要保持坡口两侧的基本轮廓线不被破坏，焊道应低于母材 0.5 ～ 1mm, 使盖面焊运条有一个整齐的基准线。盖面焊时焊条角度为 85° ～ 90° 运条方式可采用锯齿形或小弧度反月牙形。对厚度大于 20mm 的试板，以后几层可采用多层多道焊法。

6.1.4　试件清理要点

1. 焊前清理

焊前按工艺要求对母材坡口内、外或正、反面 20mm 以内彻底清理（图 6.9），达到要求方可焊接，防止由于清理不好影响焊接质量。

图 6.9　母材清理

2. 焊接中间清理

焊接过程各层要彻底清理，特别夹角、沟槽处的熔渣的彻底清理，飞溅物的清理等（图 6.10）。

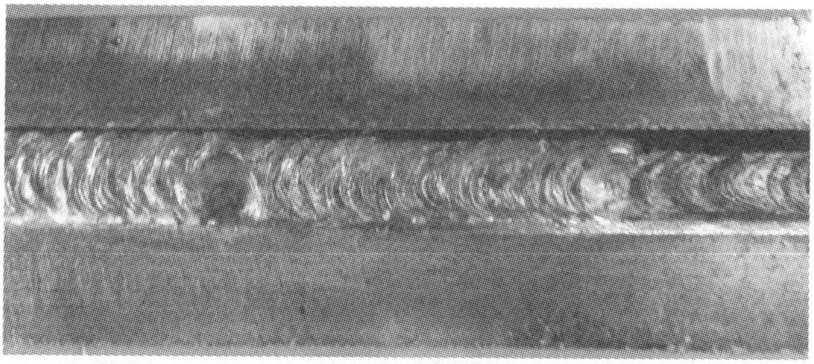

图 6.10　焊间清理

3. 焊后清理

盖面焊后，待熔渣冷却后，应将熔渣、飞溅和氧化物等彻底清理干净，焊接才算完全结束（图 6.11）。

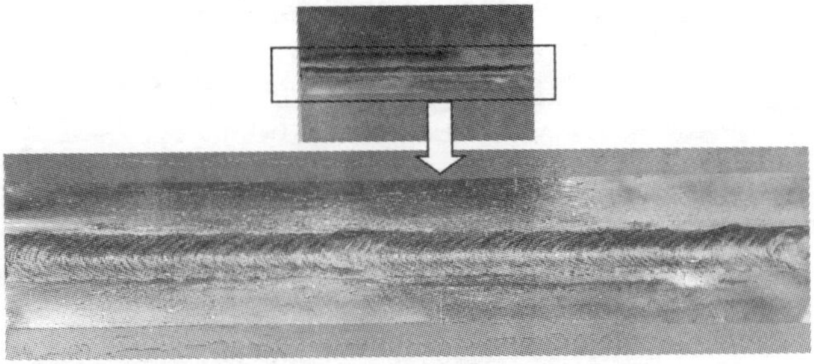

图 6.11　焊后清理

6.1.5　工件组装和定位焊要点

1. 工件组对

在正式施焊前将焊件按照图样所规定的形状、尺寸装配在一起，称为工件组对。在工件组对前，应按要求对坡口及其两侧一定范围内的母材进行清理。工件组对时，应尽量减少错边，保证装配间隙满足工艺要求。必要时可采用适当的焊接夹具（图 6.12）。

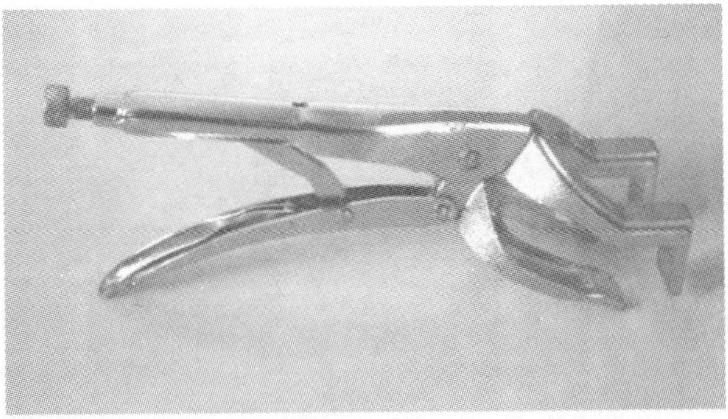

图 6.12　焊管对口钳

2. 定位焊

1）什么是定位焊

是指正式焊接前为装配和固定焊件接头的位置而进行的焊接，又称点固焊。定位焊所形成的短小而断续的焊缝称为定位焊缝（图 6.13）。

图 6.13 点固焊缝

定位焊的主要目的是防止产生焊接变形和尺寸误差，保证正式焊接能够正确地进行。因此，定位焊和正式焊接一样重要，不能忽视。

定位焊时必须注意以下几点：

① 定位焊所用焊条牌号及直径要与正式焊接时相同；焊接电流可比正式焊接时大 10% ～ 15%。

② 若正式焊接需要焊前预热，焊后缓冷，则定位焊前也要进行相同温度的预热，焊后也要缓冷。

③ 定位焊缝起头和收尾处很接近，容易产生始端未焊透及收尾裂纹等缺陷，正式焊接时必须把有缺陷的定位焊缝剔除重焊。

④ 定位焊应避免在焊件的端、角等应力集中的地方进行。

⑤ 定位焊缝的长度、余高及间距可参见表 5.1。

2）板的定位焊

定位焊的焊缝位置应在工件坡口内两端处，20mm 以内，始焊端可少焊些，长度为 15mm 左右，宽度和高度不应超过第一层正式焊缝。终焊端应多焊些，以防止焊接过程中收缩造成未焊段坡口间隙变窄影响焊接。用正式焊接焊条焊接，如有缺陷应处理后重焊，并将定位焊末端打磨成斜坡。

板对接装配间隙，一般起焊端比终焊端略窄 1mm，不同的焊缝位置，不同的操作手法，装配间隙也不同，通常是 2 ～ 5mm。

3 ）角焊缝（T 形）试件的装配定位

角焊缝（T 形）试件定位焊不留间隙，定位焊缝在试件两端各 15mm 左右，定位焊应在两端两面进行，如图 5.29 所示。

4）管道及管板的定位焊

小径管对接定位焊一般为一处或两处，定位焊缝一般位于平焊或立焊部位或两侧爬坡处；大径管对接方法与小径管基本相同，只是对称多焊几点。要求在坡口内进行定位焊，定位焊缝一般不允许在管的横截面相当于“时钟 6 点”的位置。当焊接淬硬性大的低合金钢且管径大于 168mm 时，可用和管材质相同的定位板（定位卡块）（图 6.14）在坡口外进行定位焊。定位板应均匀分布在管道外壁。焊后拆除定位板以后，应将定位焊处磨平，并用着色探伤检查表面有无裂纹。

图 6.14　定位板（定位卡块）

管对接水平固定焊试件装配定位方法如图 6.15 所示。

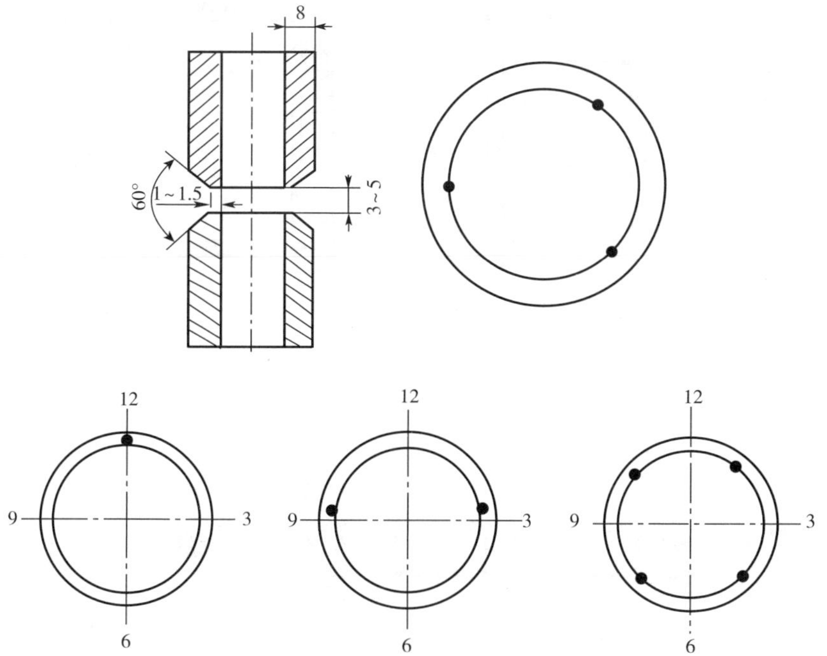

图 6.15　管对接水平固定焊试件装配定位

插入式管板垂直、水平固定焊试件装配定位方法如图 6.16 所示。

管板骑座式垂直、水平固定焊试件装配定位方式如图 6.17 所示。

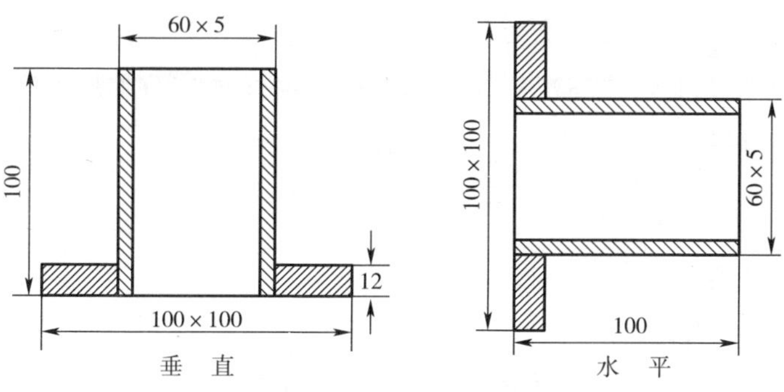

图 6.16　插入式管板垂直、水平固定焊试件装配定位

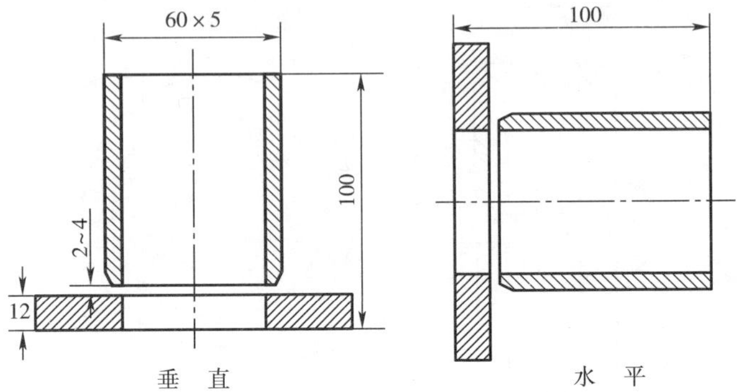

图 6.17　管板骑座式垂直、水平固定焊试件装配定位

6.2　板状焊件单面焊双面成形实例

单面焊接双面成形对焊工的熟练程度要求较高。焊工在操作时必须有正确的操作姿势，才能保证技术平稳正常的发挥。

6.2.1　板材对接平焊操作技巧

焊接特点：平焊是焊接中难度最小的，对初学者来说，因熔化金属自重作用，其流向主要是向下，如果熔池温度和形状控制不好，焊缝易出现背面、正面焊缝高度、宽窄不一致，要焊出双面成形焊缝宽度、高度一致的焊缝也有一定难度，因此，要求操纵者手要稳，焊接速度要均匀。

1. 焊前准备

1）焊　件

板材对接平焊缝，以焊工比赛的试件为例。

试件尺寸：12mm×250mm×300mm。

试件材质：Q235A。

坡口形式：V 形，角度为 60°　~ 62°　。

钝边厚度：1 ~ 1.5mm。

对口间隙：3 ~ 4.5mm。

2）焊接材料

焊材牌号（型号）：E5015。

焊材规格：ϕ2.5mm、ϕ 3.2mm、ϕ 4.0mm，经 350 ~ 380 ℃烘干 1 ~ 2 小时恒温，温度降 120 ~ 150℃放入保温箱待用。

3）焊接电源

时代 PE22-400 型数字显示焊机，直流反接。

4）试件清理

试件装配前，用角向磨光机、锉刀、砂布和钢丝刷等清理坡口正反两面 20mm 范围内的油污、水分和铁锈，清理干净防止对焊接产生影响。

5）试件的装配与定位焊

将清理好的试件放在平台上（图 6.18），找正、对齐，防止错口，留有适当间隙，用正式焊接相同的焊材和工艺在试件两端坡口内进行定位焊，然后按要求固定在操作架上待焊，见图 6.19。

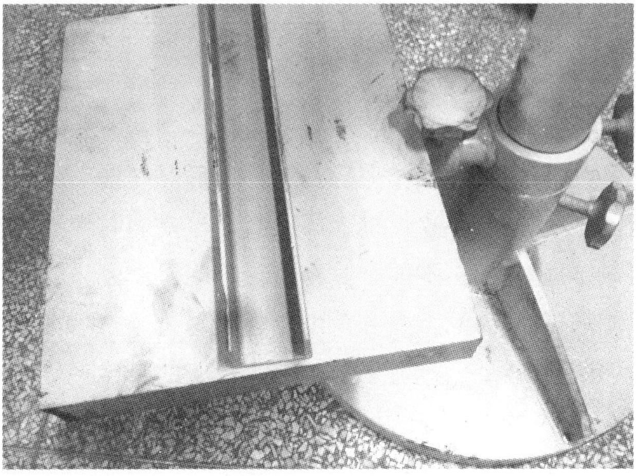

图 6.18 对口平台

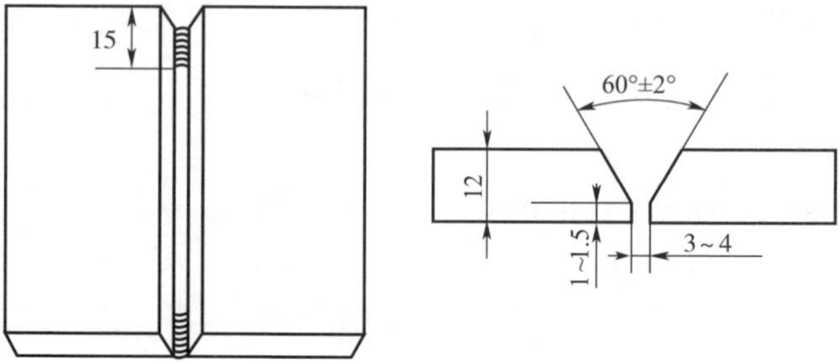

图 6.19　试件组装示意图

2. 工艺参数

焊接工艺参数参考表 6.1。

表 6.1　平焊缝各层焊接参数参考值

	焊接方法	电源极性	焊条直径 /mm	焊接电流 /A
对口定位焊	断　弧	直流反接	ϕ2.5/ ϕ 3.2	60 ~ 90 110 ~ 115
根层打底焊	断　弧	直流反接	ϕ 2.5/ ϕ 3.2	60 ~ 90 110 ~ 120
中层填充焊	连　弧	直流反接	ϕ 4.0	150 ~ 170
盖面层施焊	连　弧	直流反接	ϕ 4.0	160 ~ 180

3. 焊接操作工艺方法

1）操作姿势

焊平焊缝时，焊工的操作姿势是：焊工面对焊缝，蹲姿或站姿，两脚与肩同宽，一般是右手拿焊把。焊接时，从左向右焊接（右焊法），拿焊把的手在两腿之间（胸前）。要有正确的操作姿势，身体要协调、稳固平衡，焊工与试件的距离和角度要正确，大臂带动小臂，以肩肘为支点运用手腕的灵活动做运弧。焊接时，焊工的身体平稳自然，技术会正常发挥。平焊缝的操作姿势见图 6.20。

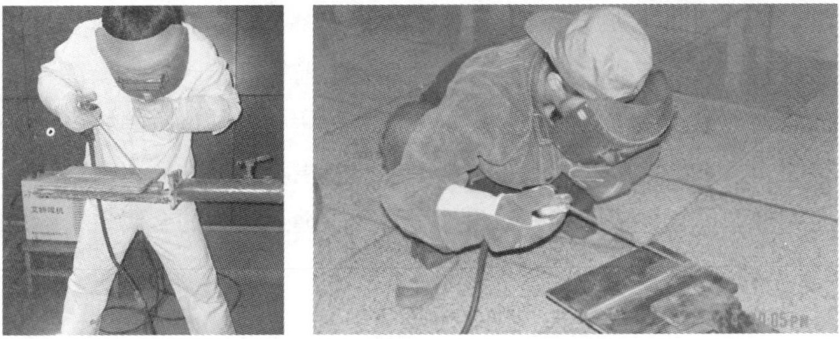

图 6.20　平焊位操作姿势示意图

2）焊接操作方法

（1）打底焊。平焊缝第一层的焊接有断弧和连弧焊法，两种焊法各有长处，都有引弧、运弧、停（熄）弧、接头和收弧的关键要领，也都能做到从试件坡口一面焊接，而焊缝正反面能得到整齐无缺陷的焊道。各层次焊接适用的焊条直径和焊接电流供参考，见表 6.1。

连弧焊的优点是焊接速度快，但对焊工操作要求高，试件的对口间隙小于焊条直径（带药皮），终端的间隙比直径稍大 1mm 左右，短弧焊接，药皮接触焊件（即拖着走），前进角度为 70° ~ 85° ，左右角度为 90° ，见图 6.21。

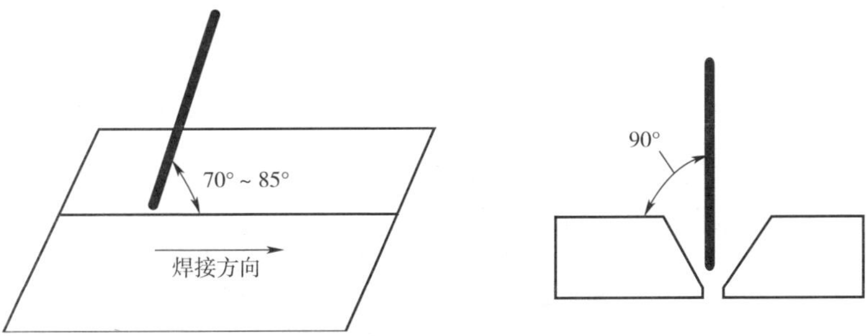

图 6.21　平焊缝连弧焊条角度

焊接时采用直线形或直线往复运弧法，焊接的过程中有轻微的“突突”声，这说明已焊透背面，成形不间断，接头换焊条时动作要快，连弧法打底焊时也有小熔孔。接头引弧时，在预接头处后方 10 ~ 15mm

引燃电弧，移向接头位置，接上头后稍慢运条，以提高接头温度，电弧向下压紧一点以加强熔透，观察焊透后继续前行焊接。

断弧焊主要用于打底焊，应用较广，可用到各种位置焊缝第一层的焊接上，最大的优点是，观察熔池方便，难度小，易掌握，出现缺陷时随时可处理，背面成形好，对熔池和背面焊缝透过去的金属量，容易把握，一般打底焊采用 ϕ3.2 mm 电焊条。

断弧焊时焊接速度慢，焊件组装间隙稍大些，对口间隙为 3 ～ 4mm。断弧焊的操作姿势与连弧焊的操作姿势相同。

焊接时用引弧板或直接在坡口内定位焊缝上引弧，然后迅速移至始焊点，用连弧焊至定位焊的端头，打开熔孔形成熔池即熄弧。断弧焊要求起弧、运弧和熄弧要稳、准，应用好断弧焊操作要领，断弧焊必须是短弧焊，不然会产生气孔等缺陷，燃弧、断弧要果断。燃弧时间、熄弧时间的长短控制熔池温度的高低、熔化金属的多少。

焊接速度的快慢决定着焊缝的厚薄。要保证焊件坡口钝边的熔化和背面焊缝成形，断弧焊熔池前的熔孔始终是打开的，因此，熔池（平焊缝、立焊缝）的三分之二在正面，三分之一是在焊缝背面形成的，这就决定了背面焊缝高度大小（高低），否则焊缝背面会出现凹陷和咬边、熔合不良等缺陷。焊接时前进角度为 65° ～ 85° ，左右角度为 90° ，焊接方向为右焊法见图 6.22。

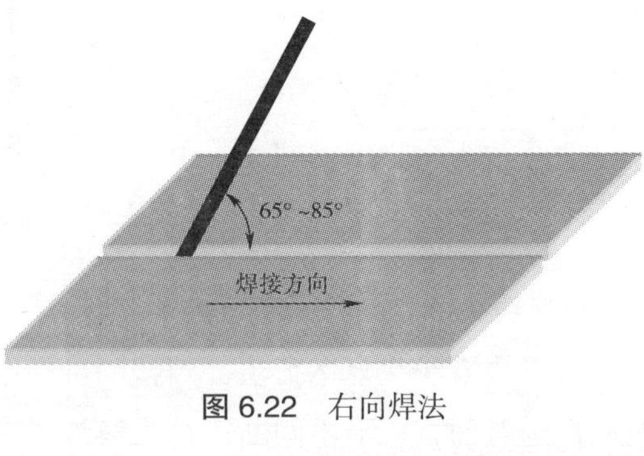

图 6.22　右向焊法

断弧焊的运条方法是：在熔池的边缘运弧稍慢，熔化钝边后快速移至另一侧，熔化钝边形成熔池和熔孔后灭弧，待熔池金属凝固，熔渣颜色变暗时，再在坡口根部另一侧起弧，然后熔化两侧钝边连在一起，又形成新的熔池和熔孔再灭弧，由此连续进行下去。一般焊接和停弧的时间为 1s 左右。焊接过程中，后一个熔池覆盖前一熔池的二分之一或三分之二（图 6.23），焊接中停弧，应停在熔池前面的边缘上，不会产生缩孔。打底焊时，要特别注意运弧时两边慢、中间快的原则，起弧、断（灭）弧干净、准确，不能拖泥带水。

图 6.23 熔池搭接情况

打底焊时，从定位焊缝端部引弧，电弧稍做停顿，预热 1 ~ 2s，然后做横向锯齿形向前运条，在接头处击穿钝边，形成熔孔后开始正常焊接。图 6.24 中“1”点为引弧点，“2”点为收弧点。

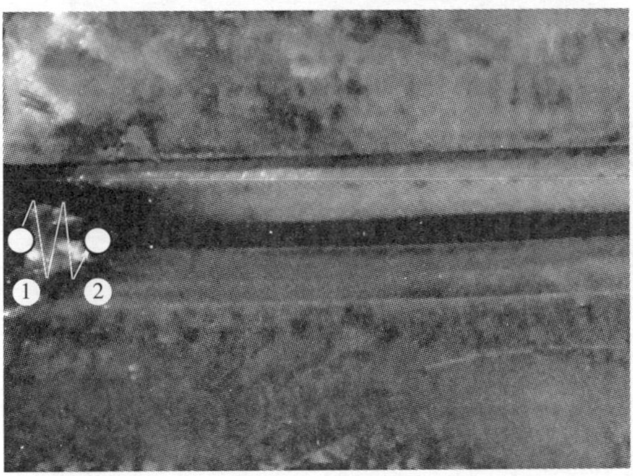

图 6.24 引弧接头

打底焊的方法包括“一字法”和“两点法”。图 6.25 所示为“一字法”，从坡口内一侧引弧，做一字形运条，在另一侧坡口边收弧，要点在于时刻观察熔孔大小是否一样，根据焊件温度控制燃弧时间。摆动方法根据个人习惯而定。

图 6.25　“一字法”打底

“两点法”是指在两侧坡口内交替引弧，即左一下、右一下，电弧直接送到坡口根部，“两点法”操作难度在于焊条给送要稳、准、快，如图 6.26 所示。

图 6.26　“两点法”打底

打底焊接头时，从待接头部位后方 10 ~ 15mm 处引弧，做横向摆动前进，运弧至接头处时压低电弧，击穿钝边，形成熔孔，停留约正常打底时间的 2 倍后，停弧，开始正常焊接。打底焊接头情况如图 6.27 所示。

图 6.27 打底焊接头

打底层最后收弧时，在距离收弧点 4 ~ 5mm 时，电弧转圈预热接头部位，时间需 3 ~ 5s，压低电弧，击穿钝边形成熔孔，然后将熔池填满，见图 6.28。

图 6.28 打底焊收弧

（2）填充焊。填充焊之前，要清理前层焊接的熔渣、飞溅，把凸起处修平整。第一层填充一般采用 ϕ3.2mm 焊条，其他填充焊采用 ϕ4mm 焊条。

采用锯齿形或反月牙形运弧，填充焊的运弧要做到“两边停、中间快”的要领，“两边停、中间快”的用意是提高焊缝两侧的温度，防止中间温度过高，达到控制焊缝成形的目的。可使成形平整，不会产生夹角，另外要求不得击穿根部焊道。

填充焊接时，焊条前倾角度为 80° ~ 90°，见图 6.29，焊条左右倾角均为 90°。填充焊的运条方法包括“锯齿形”“月牙形”“圆圈形”等。

图 6.29　填充层焊条前倾角度

填充焊道焊接时，在距离焊缝端部 10mm 左右处引弧，然后将电弧拉回焊缝端部施焊，见图 6.30，运条做横向锯齿形摆动，在坡口两侧稍做停顿，保证熔池及坡口两边温度均衡。填充焊道的高度距离母材表面 0.5 ~ 1mm。

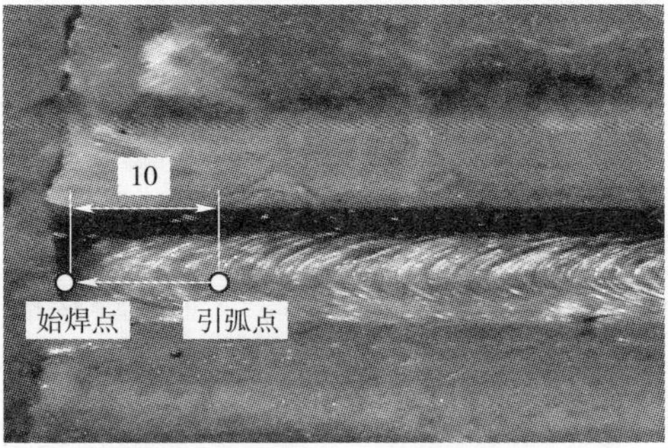

图 6.30　填充层焊接起头

熄弧时，将焊条运条至焊缝中心，停顿 0.5 ~ 1s 收弧，也可采用衰减法熄弧，见图 6.31。

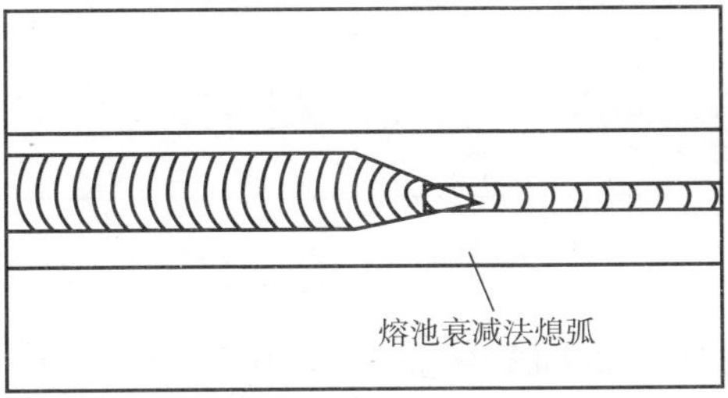

图 6.31　衰减法熄弧

在距离收弧处前方 10 ～ 15mm 引燃电弧，拉回至收弧的弧坑处，电弧沿弧坑边缘转半圈接头，然后做锯齿形摆动向前焊接。图 6.32 中“1”为引弧点。

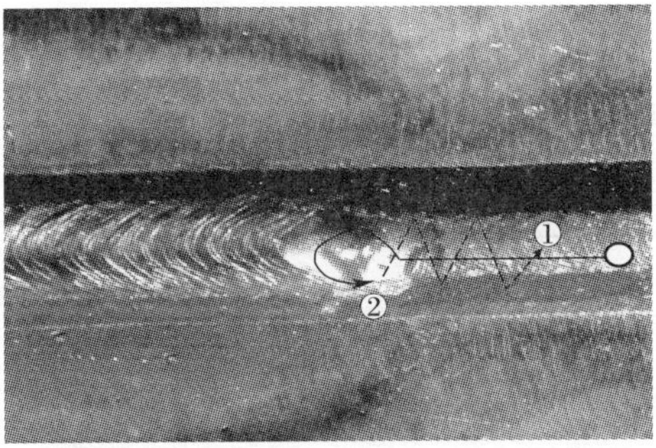

图 6.32　填充层焊接接头

焊层高度要低于母材坡口表面 1 ～ 1.5mm，坡口的边缘不得损坏，为盖面焊打好基础，见图 6.33。图 6.34 为填充层效果。

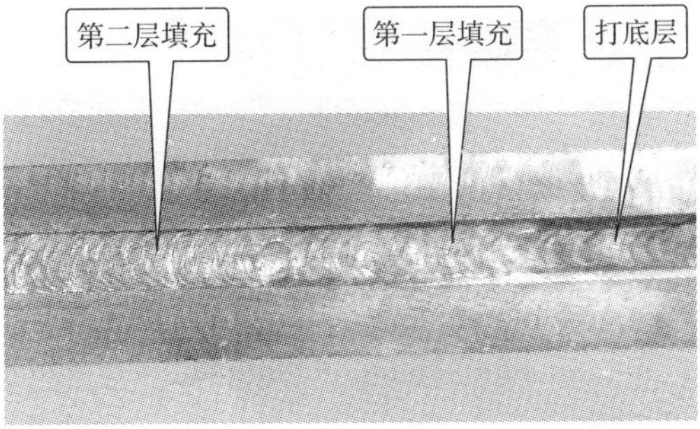

图 6.33　打底、填充层焊道厚度示意图

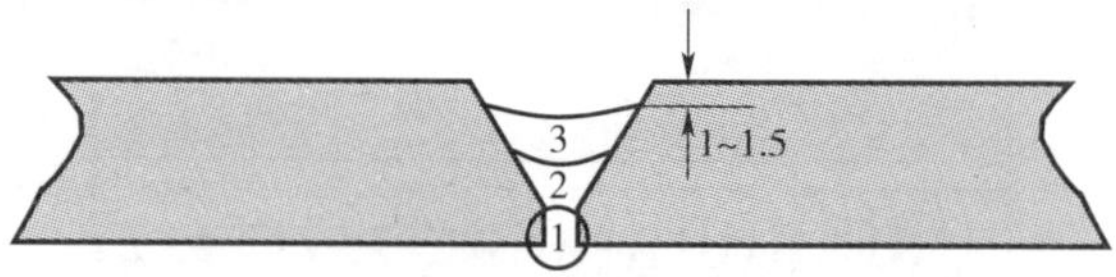

图 6.34 填充层效果

（3）盖面焊。盖面焊之前，要清理填充层的熔渣、飞溅，将凸起处修平整。盖面焊时运弧的幅度要大，以坡口两侧的棱边熔合 0.5 ~ 1.5mm 为准，运弧遵循两边慢、中间快的原则，焊缝高度一般为 2 ~ 3mm，波纹整齐，高度宽窄一致。盖面焊焊道厚度如图 6.35 所示。

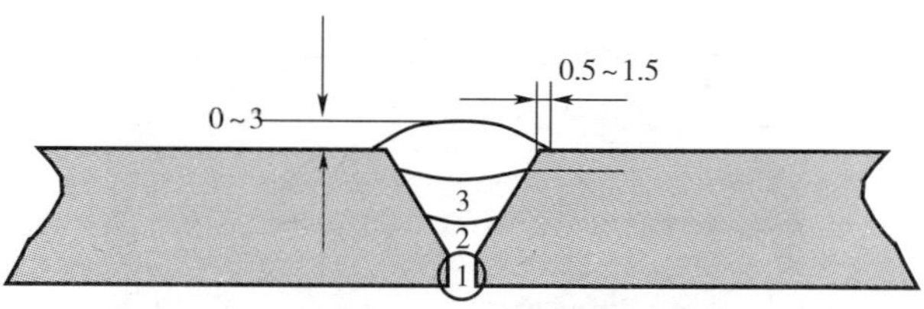

图 6.35 盖面焊焊道厚度

盖面焊焊后效果如图 6.36 所示。

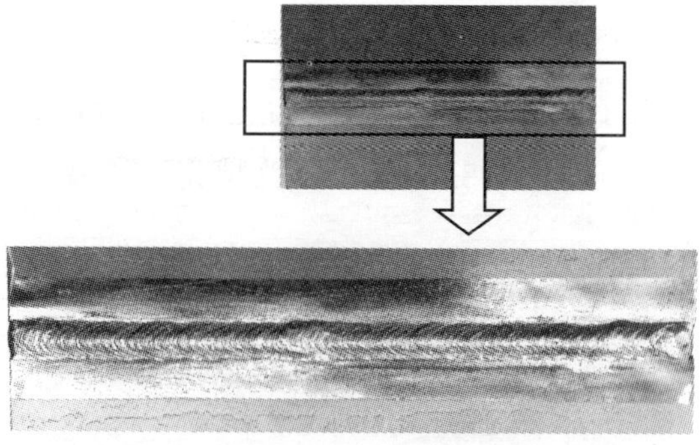

图 6.36 盖面效果图

6.2.2 板材对接立焊操作技巧

焊接特点：立焊缝的熔池在板垂直面上，因熔化金属自重的关系，各层焊缝不要太厚，否则易造成焊缝中间高、两侧有咬边的缺陷。因此，焊接时要严格控制熔池温度和形状，应用焊条角度和两侧慢、中间快的运弧方法及焊接速度来控制熔池形状和焊缝成形。

1. 焊前准备

1）焊 件

试件尺寸：12mm × 250mm × 300mm。

试件材质：16Mn。

坡口形式：V 形，角度是 60° ~ 62° 。

钝边厚度：1 ~ 1.5mm。

对口间隙：3.0 ~ 4.0mm。

2）焊接材料

选用型号 E5015，直径 ϕ3.2mm、ϕ4.0mm 的电焊条。焊条烘干温度为 350 ~ 380℃，恒温 1 ~ 2h，温度降至 120 ~ 150℃装入保温箱待用。

3）焊接电源

焊机型号为 ZX7-400，直流反接。

4）试件清理

试件装配前用角向磨光机、锉刀、砂布和钢丝刷等将坡口正、反两面 20mm 范围内的油污、水分和铁锈等清理干净，防止对焊缝产生影响。

5）试件的装配与定位焊

将清理的试件对齐找平，调整好间隙，间隙为下端 3mm，上端 4mm，防止错边，用与正式焊接相同的焊条及工艺进行定位焊。定位焊在试件两端坡口内进行，定位焊的长度为 10 ~ 15mm，适当做好反变形，经检查合格后，按要求固定在操作架上，试件的高度以蹲姿或站姿操作方便为宜。

立焊缝是垂直由下往上焊接的焊缝，图 6.37 为板材对接立焊试件示意图，焊件的坡口尺寸见图 6.38。

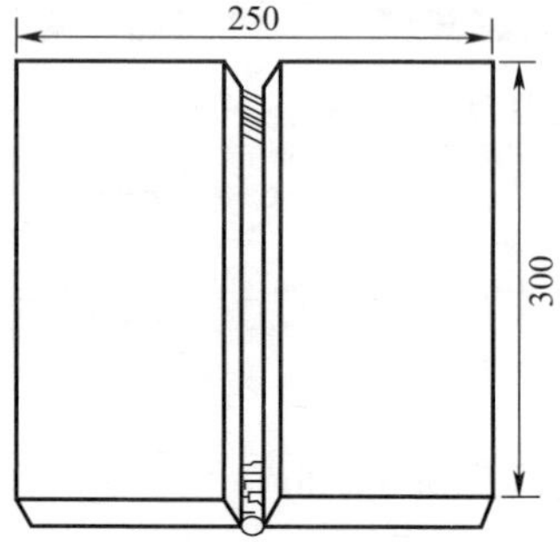

图 6.37 试件尺寸

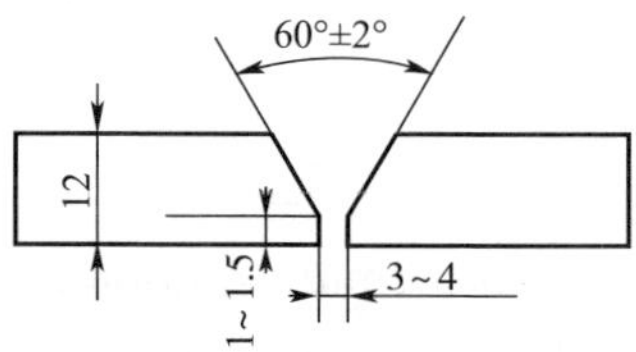

图 6.38 坡口尺寸

2. 工艺参数

焊接工艺参数供参考，见表 6.2。

表 6.2 焊接工艺参数

	电源极性	焊条直径 /mm	焊接电流 /A
装配定位焊	直流反接	ϕ3.2	100 ~ 125
根层打底焊	直流反接	ϕ 3.2	110 ~ 120
中层填充焊	直流反接	ϕ4.0	120 ~ 130
盖面层施焊	直流反接	ϕ 4.0	130 ~ 140

3. 焊接操作工艺方法

1）身体姿势

进行板材对接立焊缝操作时，身体的姿势有蹲姿和站姿，见图 6.39。焊工斜 30° 面对焊缝，拿焊把的右手在两腿之间（胸前由下往上焊接）。

焊接时，确保腿部不能触碰焊把。

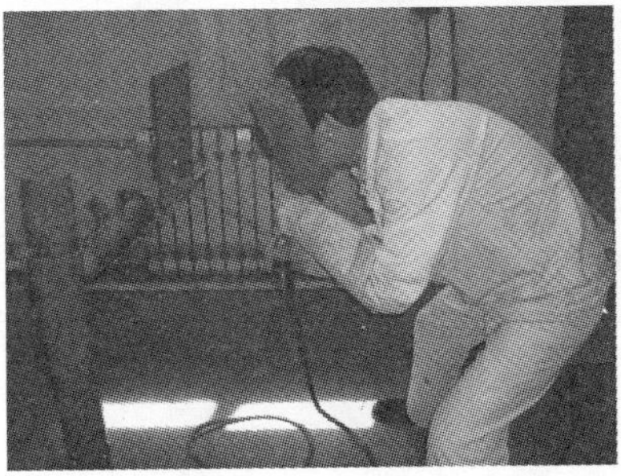

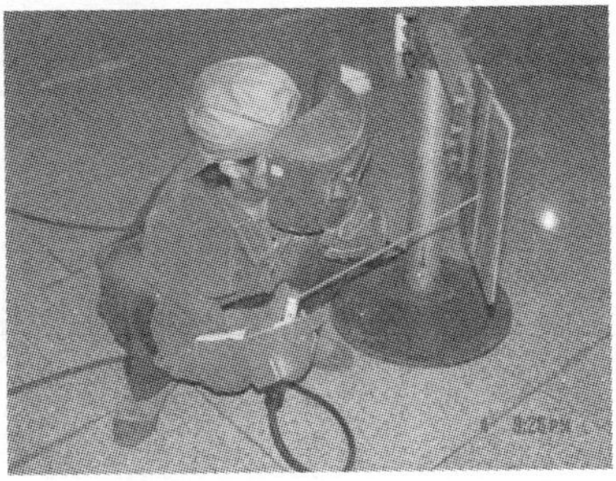

图 6.39　板材对接立焊缝操作时蹲姿和站姿

当焊接时间长或为了防止焊接时抖动，焊工可以靠或扶着焊件，见图 6.40。

图 6.40　焊接时的扶靠姿势

2）握把姿势

板对接立焊操作姿势一般为正把操作焊接（图 6.41），也有反把操作焊接（图 6.42）。焊接时，焊工要调整好身体，平衡稳固。焊工与试件要有适当距离和角度，大臂带动小臂，以肩肘为支点，灵活运用好手腕的动作进行运弧焊接。

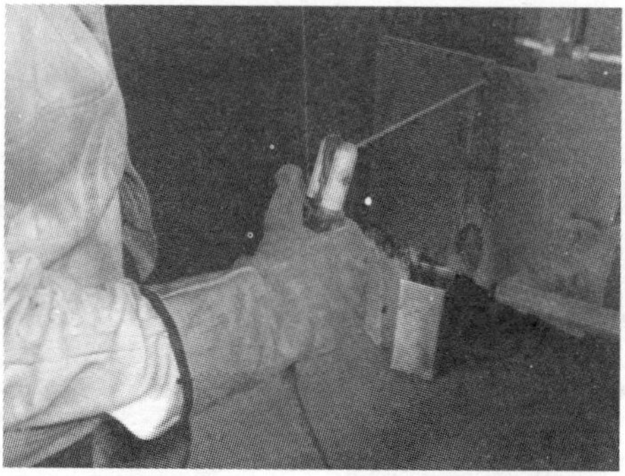

图6.41　板对接立焊正把操作焊接示意图

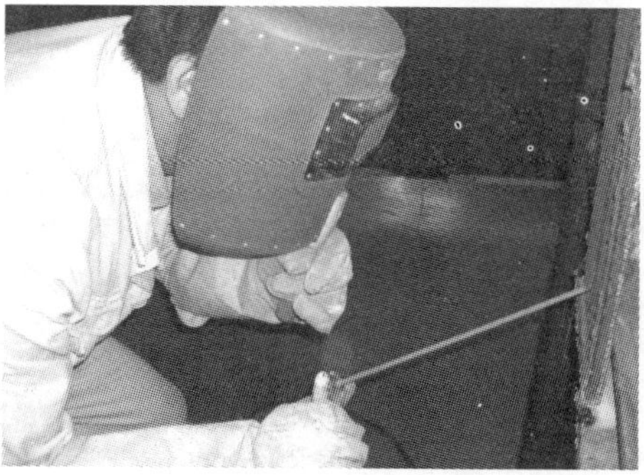

图6.42　板对接立焊反把操作焊接示意图

3）焊条角度

打底焊时，焊条角度一般为与母材左右倾角为90°，焊条的下倾角为60°～80°（图6.43）。

4. 焊接操作方法

1）打底焊

焊接工艺参数调试合适后，可直接在试件坡口内下端头定位焊缝上引弧，连弧向上焊接，焊至定位焊端头时放慢速度，打开熔孔形成熔池熄弧，待熔池凝固的同时，重新起弧。每次电弧伸入根部距离钝边1～3mm，根据焊接电流、间隙的具体情况而定。当间隙较大时，或焊接电流较大时，焊条端部距离钝边处应稍远些，相反，则应近些。焊工应根据经验或观察熔孔大小及焊缝背部余高来确定焊条距离。

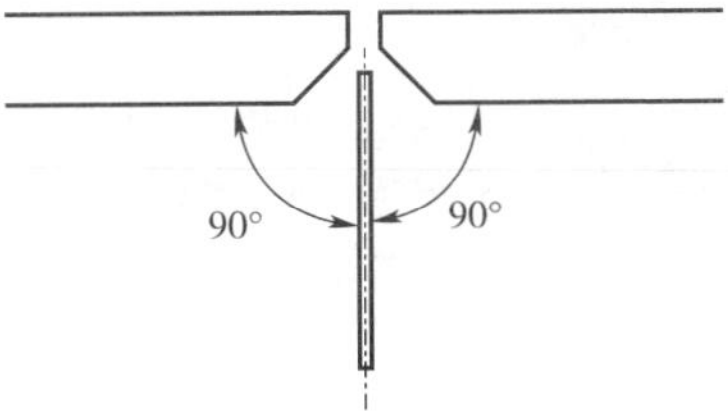

焊条左右倾角

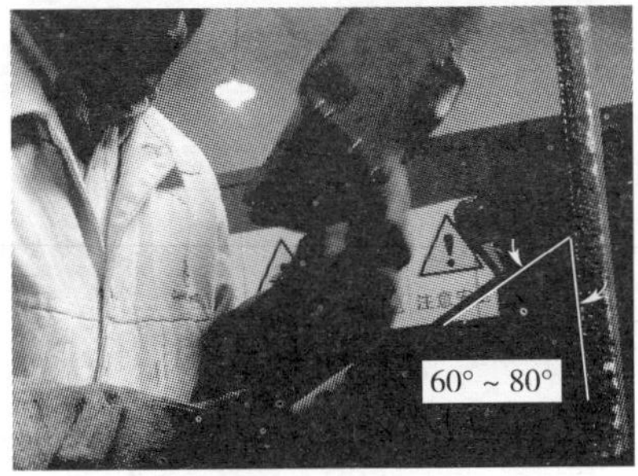

焊条下倾角

图 6.43　焊条角度

立焊的打底焊，可用断弧焊或连弧焊，断弧焊使用电流要大些，连弧焊打底时，要比其他位置容易些，但容易在打底层出现焊瘤或接头不良。

打底焊时，当间隙合适时，采用一点法，当间隙较大时，可以采用两点法或三点法（图 6.44）。

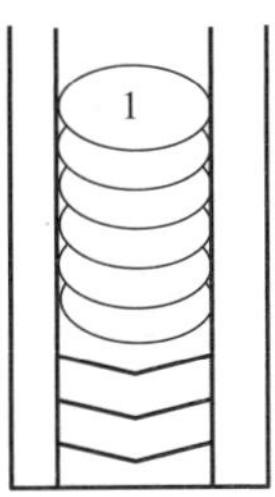

一点法

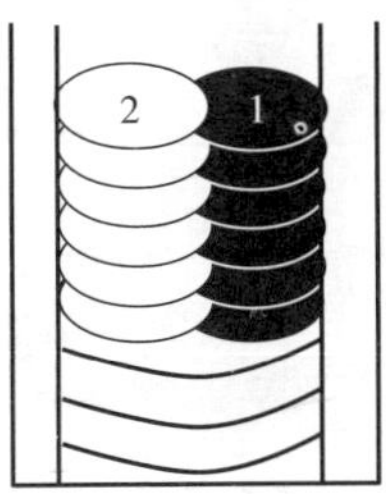

两点法

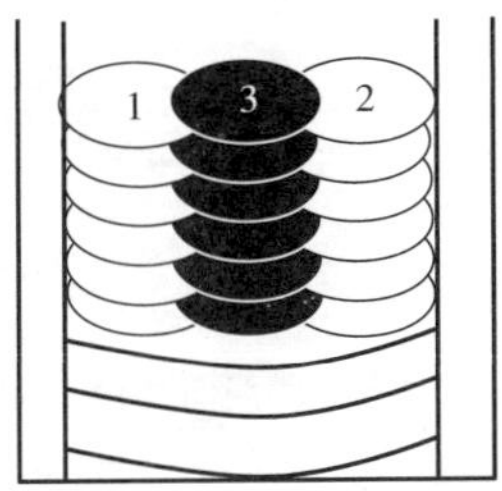

三点法

图 6.44　一点法、两点法和三点法

采用一点法时，焊条端要用一字形或左右往复形并少量横向摆动（图 6.45），使两钝边熔化形成新的熔池和熔孔并熄弧，这样反复进行焊接，掌握好两边慢、中间快的要点，防止中间温度过高。

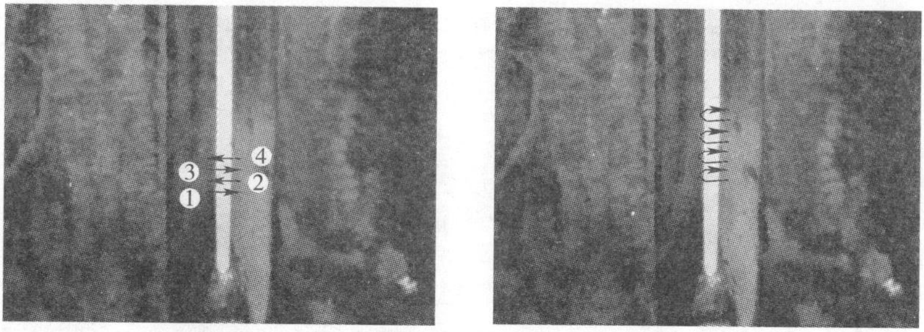

一字形打底法　　　左右往复打底法

图 6.45　一字形和左右往复打底法

打底焊接头时，从待接头部位后方 10 ～ 15mm 处引弧（图 6.46），做横向摆动前进，运弧至接头处时压低电弧，击穿钝边，形成熔孔，停留约正常打底时间的 2 倍后，停弧，开始正常焊接。严格控制熔孔的大小和形状，熔池有三分之一是在焊缝背面，三分之二在焊缝的正面。

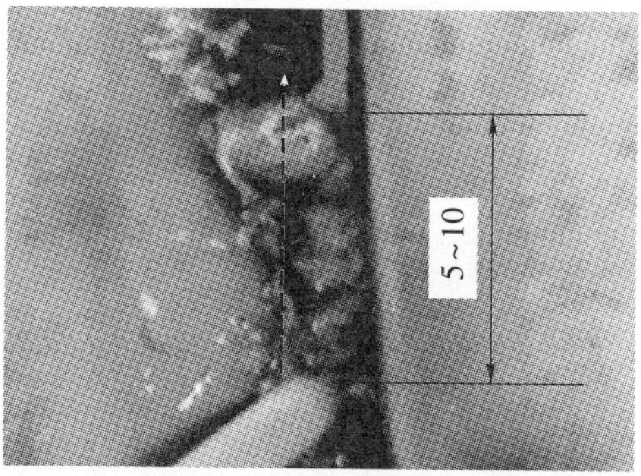

图 6.46　打底接头引弧

打底焊采用断弧法（灭弧法），灭弧频率为每分钟 50 次左右。打底层厚度约 3mm。焊条即将用完时，最后一滴铁水放在熔池的一侧，可以有效减少缩孔的产生，见图 6.47。

图 6.47 收弧方法

每次更换焊条需要接头时，要将接头处的熔渣清理干净（图 6.48）。

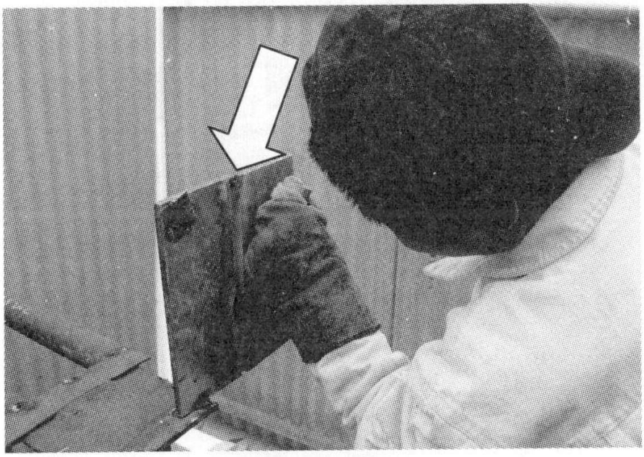

图 6.48 清理熔渣

打底层的厚度一般为 3mm 左右。背部高度一般 0 ～ 3mm。

2）填充焊

填充层和盖面层的焊接角度为 60° ～ 80°，如图 6.49 所示。第一层填充，焊条以大跨度、锯齿形运条，跨度以焊缝两侧熔合良好，焊缝表面平整，无夹沟、夹渣为准。也可以采用断弧焊，为防止出现打底层夹渣、气孔等缺陷，电流应适当大一点。但不要击穿打底焊缝。

填充层和盖面层接头时，在距离接头处上方 10 ～ 15mm 处引燃电弧，迅速将电弧压低移到接头部位，引弧位置见图 6.50。

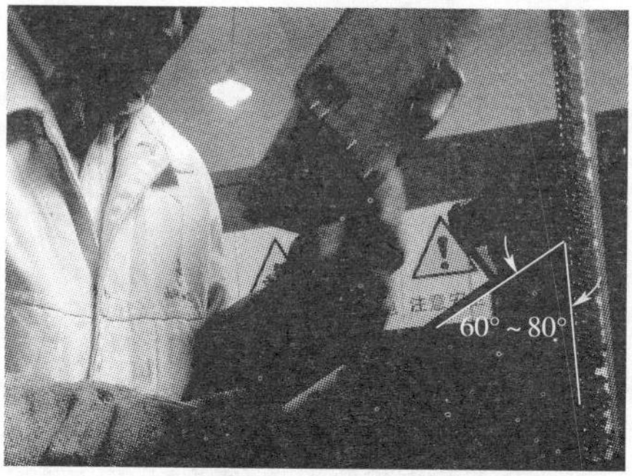

图 6.49　填充、盖面层焊条角度

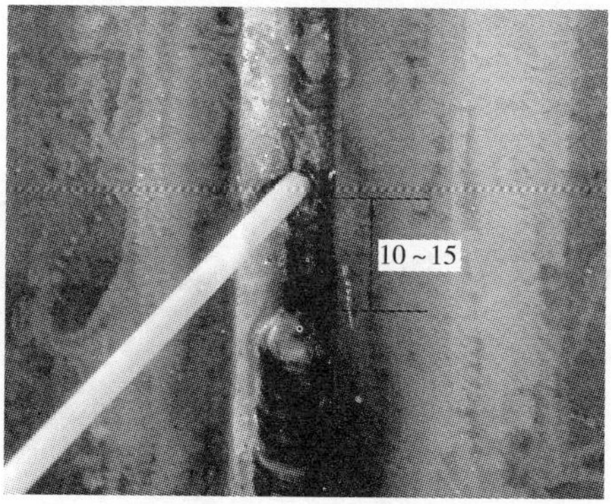

图 6.50　填充、盖面层焊接接头引弧位置

填充和盖面焊接在收尾时，由于焊缝温度过高，最后 5 ~ 7 次摆动采用断弧焊的方法收尾，以保证焊缝收尾处的外观成形和质量，防止产生焊瘤、弧坑、未填满等缺陷，见图 6.51。

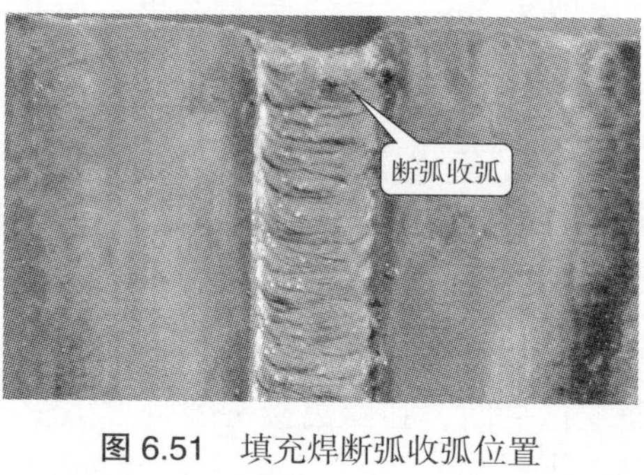

图 6.51　填充焊断弧收弧位置

填充和盖面运条方法包括倒“N”字形①、锯齿形②和反月牙形③等，如图 6.52 所示。填充焊道的高度距离母材表面 1 ～ 2mm。用“N”字形运条法可以使焊缝波纹平直，成形好。最后一次填充厚度距离坡口平面应为 1 ～ 1.5mm。坡口边缘保持完好，为盖面焊做准备。

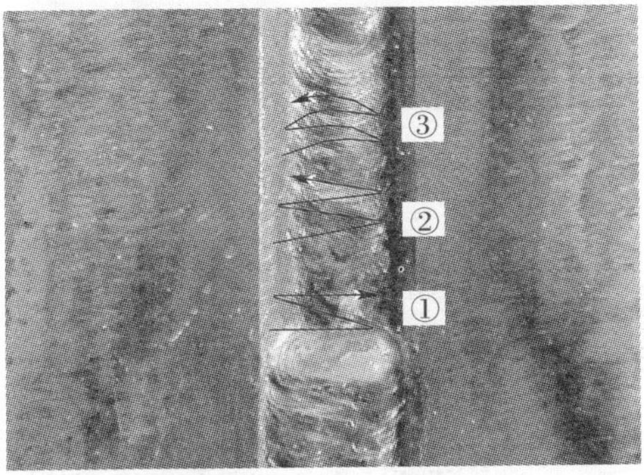

图 6.52　填充焊运弧方法

填充焊为 2 层时，每层厚度为 2 ～ 3mm。若焊接一层时，焊接厚度为 5 ～ 6mm。

填充层要避免焊道两边产生夹角，熔渣要清理干净，避免夹渣和熔合不良。

3）盖面焊

盖面焊时的焊接电流与填充焊相等或稍大，运弧的幅度稍大些。盖面层焊接的焊条角度与填充层相同，焊接运条方法与填充层一样。盖面层焊接的焊条摆动幅度以焊条药皮与坡口边缘平齐为标准（图 6.53）。在焊接比赛和实际生产中，不仅能有效控制焊缝宽度，还能保证焊缝宽窄差在较小范围内。这种方法适用于焊接比赛中电焊盖面的焊口。

盖面时，为了防止咬边缺陷，焊条摆动时，在坡口两侧的停留时间约为中间的 2 倍。每根焊条收弧时，宜在焊缝中间收弧与接头，可以有效地防止咬边、接头摆动不到位或超宽等缺陷。始终保持熔池为椭圆形，并且大小一样，可提高焊缝成形质量。另一种方法是在一侧收弧，另一侧接头。图 6.54 中白色圆点处为收弧点和接头位置。

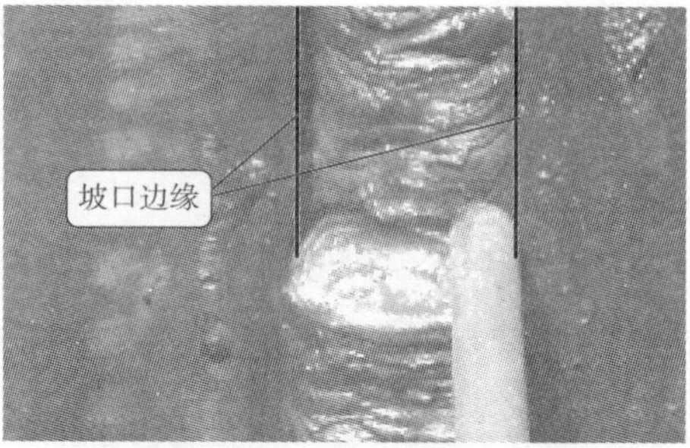

图 6.53　焊条摆动宽度

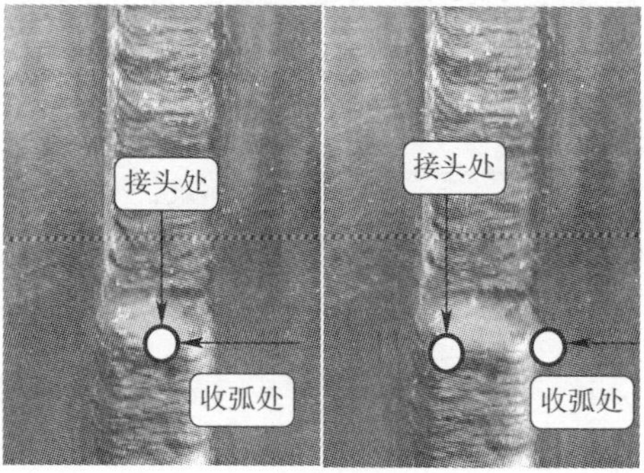

图 6.54　接头方法

立焊时应注意由于液态金属的重力作用，易下垂产生焊缝中间高、两侧低而形成咬边或焊瘤，熔渣和熔化金属极易脱离，对熔池金属保护不好而产生气孔。焊接时熔池的形状控制为椭圆形最好，如图 6.55 所示。

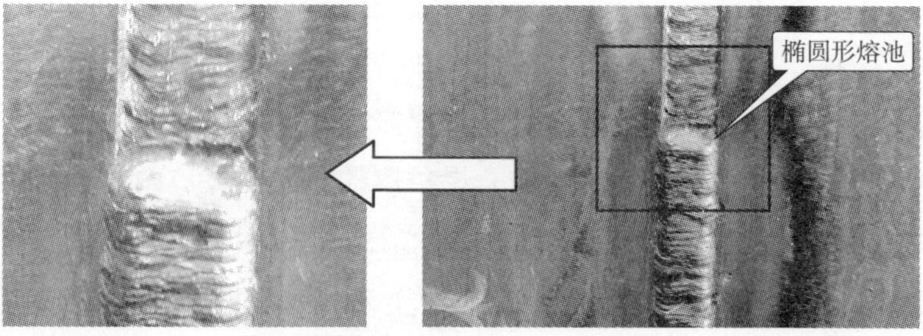

图 6.55　熔池形状

层间焊接也很重要，要保证焊缝平整，没有夹角，停弧和接头没有缺陷。层间焊之前要清理好打底焊产生的熔渣、飞溅，凸起处要铲掉磨平，坡口边缘保持完好，为盖面焊做准备。

坡口每边熔化 0.5 ~ 1mm 为最佳，并根据熔池温度和熔池形状，及时调整焊接速度和运弧方法。

盖面层的高度为 0 ~ 3mm。

板对接立焊焊缝正面和反面成形效果见图 6.56。

图 6.56 立焊焊缝正、反面成形

6.2.3 板材对接横焊操作技巧

焊接特点：横焊缝熔池在试件立面上，熔池是横向前进焊接，由于熔化金属的自重而下滑，横焊缝上部易产生铁水少的情况，容易出现咬边，下部铁水易下坠。因此根据特点，主要调整焊条左右角度和上下角度、控制焊接速度，采用多层多道的焊接方法，控制焊缝成形。

1. 焊前准备

1）焊　件

板材对接横焊，以焊工比赛试件为例，试件及坡口尺寸示意图见

图 6.57。

试件尺寸：300mm × 250mm × 12mm。

试件材质：16Mn。

坡口形式：V 形，角度为 60°　~ 62°　。

对口间隙：3 ~ 4 mm。始焊端是 3mm，终焊端是 4mm。

钝边厚度：1 ~ 1.5mm。

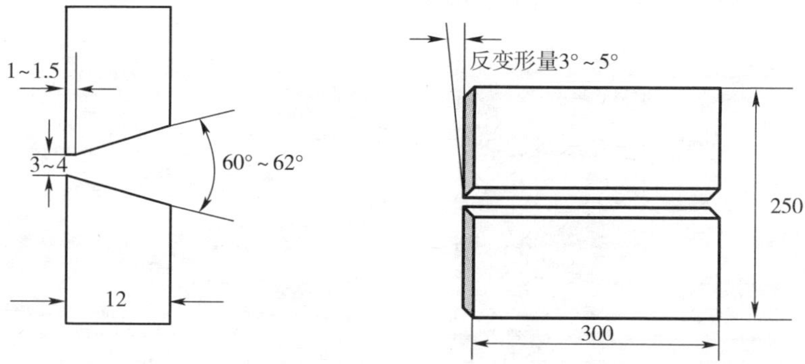

图 6.57　试件及坡口尺寸示意图

2）焊接材料

焊条型号：E5015。

焊条直径：ϕ3.2mm、ϕ4.0mm。

焊条烘干温度 350 ~ 380℃，恒温 1 ~ 2h，温度降至 120 ~ 150℃装入保温桶待用。

3）焊接电源

使用 ZX7-400 型数字显示焊机，直流反接。

4）试件清理

将坡口正反两面 20mm 范围内的油污、水分和铁锈等物清理干净，防止其对焊缝质量产生影响。

5）试件的装配与定位焊

将清理的试件对齐找平，调整好间隙，用与正式焊接相同的焊条及工艺进行定位焊。定位焊在试件两端坡口内进行，定位焊的长度为 10 ~ 15mm，适当做好反变形，预置反变形量为 3° ~ 5°，横焊的反变形量要大于其他位置。经检查合格后，按要求固定在操作架上，试件的高度以蹲姿或站姿操作方便为宜，如图 6.58 所示。

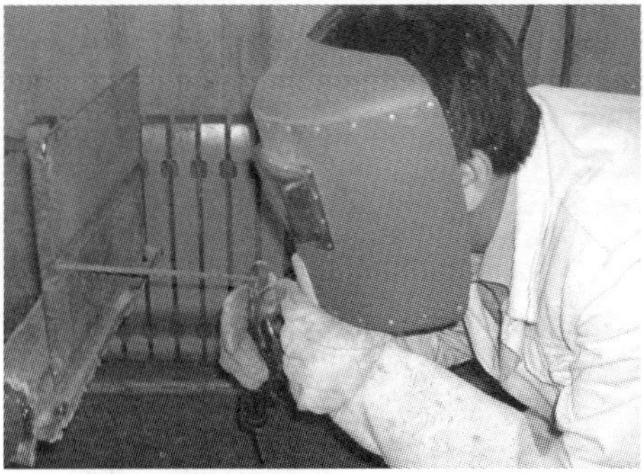

图 6.58 定位焊

2. 焊接工艺规范参数

焊接工艺规范参数见表 6.3。

表 6.3 板材对接横焊缝工艺规范参数

焊接层次	焊条直径 /mm	焊接电流 /A
定位焊	$\phi3.2$	90 ~ 110
打底焊	$\phi3.2$	90 ~ 115
填充焊	$\phi3.2$	100 ~ 120
	$\phi4.0$	130 ~ 160
盖面焊	$\phi4.0$	120 ~ 140

3. 焊接操作工艺方法

1）操作姿势

横焊缝的操作姿势为：焊工应正面对焊缝，采用站姿或蹲姿，两脚与肩同宽，一般使用正把焊接，从左向右焊接。图 6.59 所示为横焊缝的操作姿势。

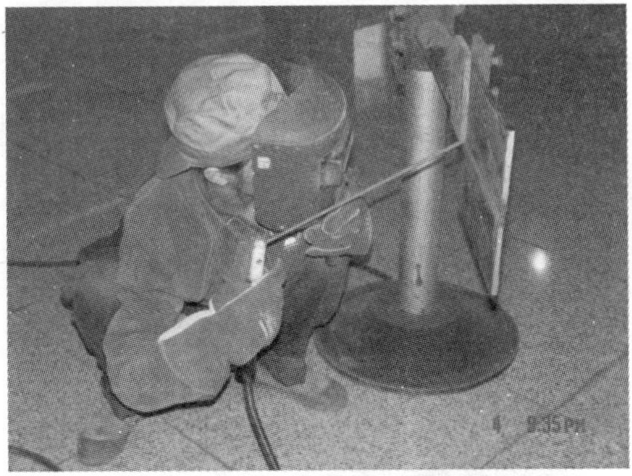

图 6.59　横焊缝的操作姿势

焊接时，焊工身体要平衡稳固，与试件要有适当的距离和角度，大臂带动小臂，以肩肘为支点，手腕灵活、动作协调运弧焊接。

2）焊接操作方法

焊接前要检查焊件的清理效果，定位焊点符合要求，焊件固定的高度要合适。

焊接时，选用直流焊接电源反接法。

操作要点：第一层为打底焊，可采用断弧焊法或连弧焊法，以后各层采用多层多道连弧焊接法。横焊缝的熔池易下垂，上面易产生咬边，下面易形成焊瘤，焊道与焊道的衔接，易出现沟槽和棱角，因此，要注意焊条角度、运弧方法及电弧的长度。特别是断弧法打底焊，起弧、运弧、熄（灭）弧要迅速准确、果断，手要稳，熔池清晰可见，熔孔要一致均匀，背面焊道成形要饱满。

（1）打底焊的操作要点。

方法一：断弧焊法。

横焊缝一般采用断弧焊打底法，使用 ϕ3.2mm 焊条，焊前调试好焊接电流。

在始焊端定位焊缝前端引弧，连弧焊焊至定位焊缝的终端，放慢焊接速度，压低电弧，做斜锯齿形或斜圆圈形运弧。运弧时，从上钝边到下钝边，要有一定的斜度，在下钝边处停顿 1s 左右，避免下部出现较深的沟槽或未熔合。上下两钝边先后熔化焊透并连接成完整的熔池，前面有熔孔出现，后面有熔池，电弧回带一下即停（灭）弧，也就是灭弧方向朝后，待熔池金属凝固的同时再起弧。起弧位置在坡口内上钝边处。

图 6.60 所示为定位端的引弧部位，图 6.61 所示为断弧焊的收弧方法。

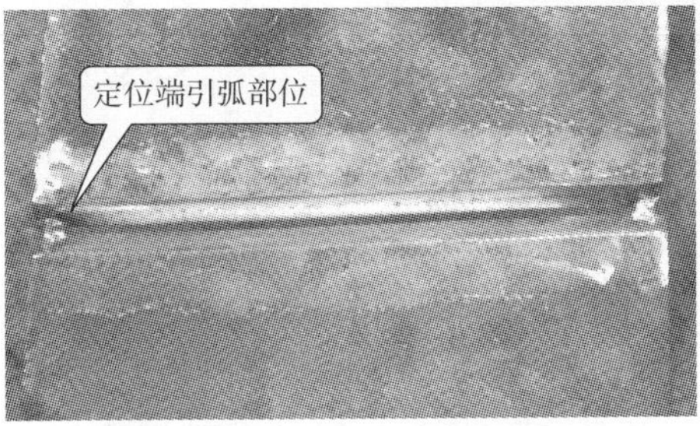

图 6.60 定位端的引弧部位

图 6.61 断弧焊收弧方法

焊条头深入根部距离钝边 0.5 ~ 1mm，从上坡口钝边处引弧，钝边熔化的同时，随后移到下钝边，上下钝边熔化连接形成熔池，并有新的熔孔即灭弧。依次反复进行焊接可顺利进行断弧法打底焊，注意电弧在上下钝边的停留时间，快了熔合不好或背部咬边，慢了熔化金属会跟下来，焊道形成下坠。要掌握好起弧、运弧、灭弧的时间，后一个熔池覆盖前一个熔池的 2/3 左右，见图 6.62。

图 6.62　熔池搭接

断弧焊运弧至下钝边时电弧要适当短些。焊条的前进角度为 45°　~ 80°，下倾角为 70°　~ 80°，见图 6.63。

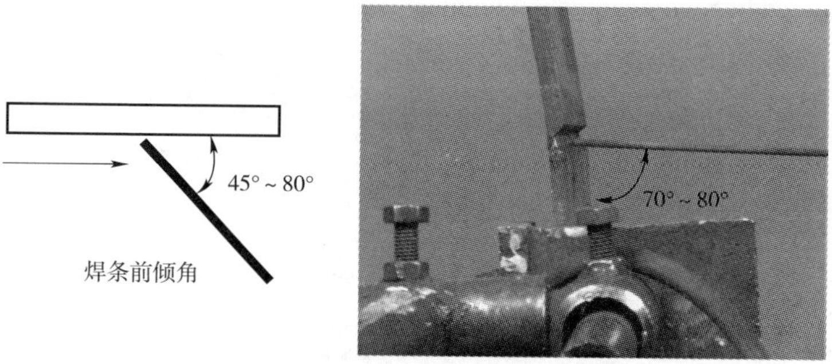

焊条下倾角

图 6.63　断弧焊的焊条角度

方法二：连弧焊法。

横焊缝打底焊的连弧焊，引弧方法与断弧焊相同，焊接速度视焊透和成形情况而定。要及时调整焊条角度、运弧方法和焊接速度。焊条的前进角度为 75°　~ 85°，下倾角为 70°　~ 80°，连弧焊打底时，电弧不间断，焊接速度快，运弧方法一般都是以小锯齿形或划圆圈形，见图 6.64。连弧焊的运弧幅度很小，但有一定的斜度。每次接头前，应将上一收尾处的熔池打磨成斜坡状，以便于接头。

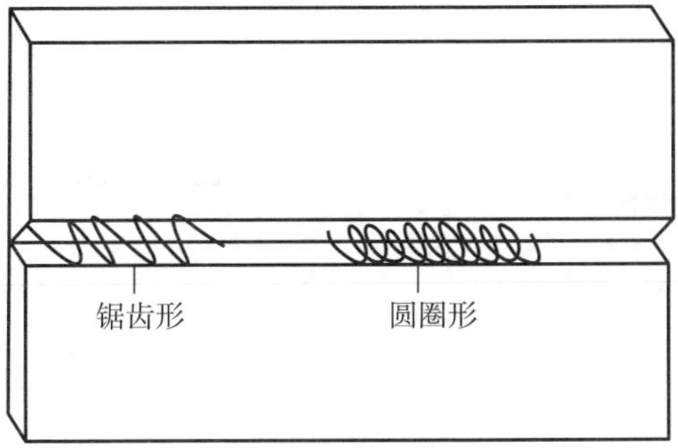

图 6.64 锯齿形和划圆圈形连弧焊运弧方法

（2）填充焊和盖面焊的操作要点。

一般为多层多道焊，焊接前彻底清理前层焊道的飞溅、熔渣、夹角，凸起处要修平整，清除焊接缺陷。

多层多道焊的排列见图 6.65。图 6.66 为各层道的焊条角度示意图。

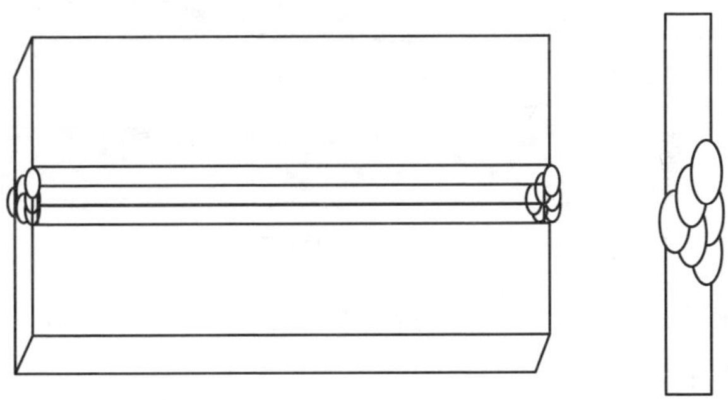

图 6.65 焊层排列

12mm 厚的钢板一般填充两层。每层厚度为 3 ～ 4mm。

多层多道焊接，采用直线形、斜锯齿形或斜圆圈形运条方式，运条的幅度很小，焊道与焊道之间平滑过渡，后一焊道压前一焊道的 1/2，见图 6.67，避免沟槽、棱角产生。

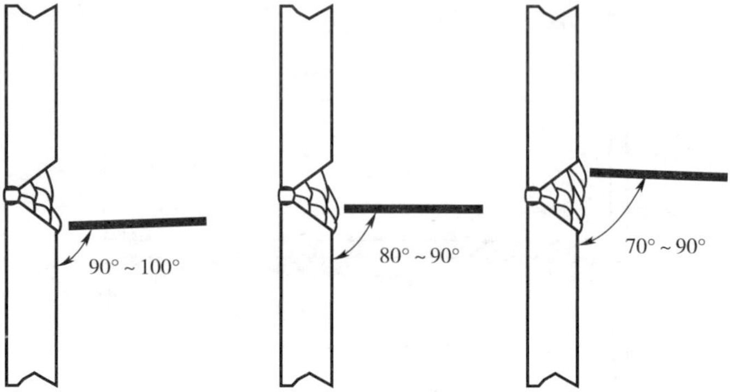

图 6.66　焊层与焊条角度

图 6.67　填充层焊道分布

各层次焊接时，接头引弧应在接头前 20 ～ 30mm 处引燃电弧，以较快的焊接速度回焊移至接头处，接头后再继续前行焊接。收弧时，用回焊法或断弧焊填满弧坑收弧。填充层焊缝引弧接头的方法见图 6.68 所示。

每层焊道的最上面一层，采用斜圆圈形或锯齿形运条法，确保层间熔合良好，无夹渣等缺陷。

焊接时，应保持焊道平直，保证每层焊道平整。如图 6.69 所示填充层的焊缝外观。

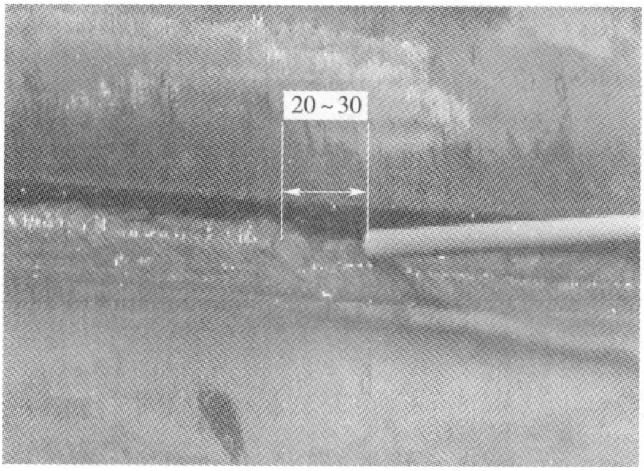

图 6.68　填充层焊缝引弧接头

图 6.69　填充层焊缝外观

盖面焊的操作要点如下：

盖面层的焊接运弧方式以直线形为主，焊条角度与填充层基本相同。

第一道焊道焊接时，以下坡口的棱边为准，保持第一道焊道平直，焊接速度稍慢，第二道、第三道的焊接电流比焊填充层的电流稍小 3 ～ 5A，焊条角度参照填充层。

最后一道焊接时，焊接电流最小，速度稍快，采用直线往复形运条法，避免产生咬边，同时要防止焊缝高于前几道焊缝。

盖面焊的焊缝外观成形见图 6.70。

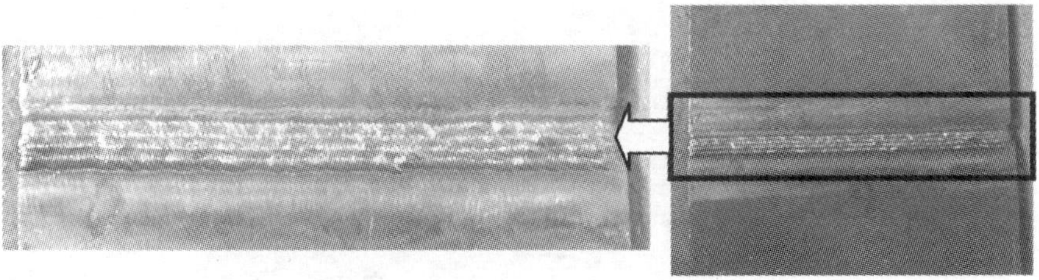

图 6.70　盖面焊的焊缝外观

6.2.4　板材对接仰焊操作技巧

焊接特点：仰焊是所有焊接位置中难度最大的，仰焊缝的熔池在仰焊板的下面倒挂，各层焊缝厚度宜薄不宜厚，熔池温度形状不易控制，如焊缝背面易产生凹陷，正面焊缝中间高，两侧易产生夹角、咬边缺陷等。因此，打底焊最好采用断弧焊，容易控制熔池温度和焊缝成形。填充、盖面焊通过运弧方法控制熔池形状和焊缝成形。

板材对接仰焊，是板材对接焊难度较大的一种焊位，它是管对接水平固定焊，管对接 45° 固定焊和管板骑座式仰焊位的基础。下面以焊工比赛中仰焊位的试件为例，来讲解板材对接仰焊的操作方法。

1. 焊前准备

1）焊　件

试件尺寸：12mm × 250mm × 300mm，见图 6.71。

试件材质：16Mn。

坡口尺寸：V 形，角度为 60°　。

装配间隙：3.5 ～ 4.5 mm。

钝边厚度：1 ～ 1.5mm。

2）焊接材料

焊条型号为 E5015，直径为 ϕ2.5mm、ϕ3.2mm、ϕ4.0mm 的焊条，任选一种。焊条烘干温度为 350 ～ 380℃，恒温 1 ～ 2h，温度降至

120 ~ 150℃时装入保温箱待用。

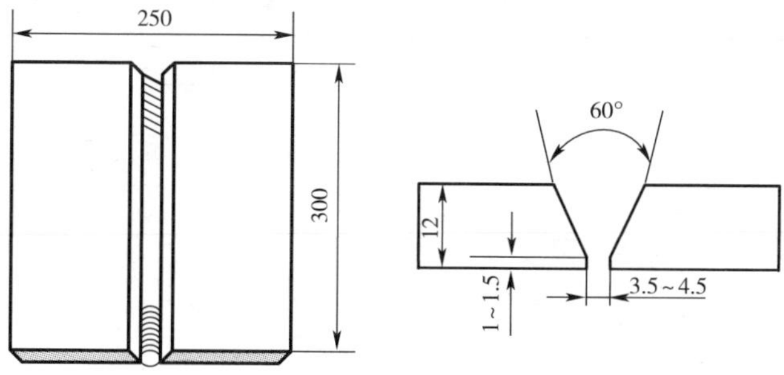

图 6.71 板对接仰焊试件尺寸

3）焊接电源

采用型号为 ZX7-400 的焊机，打底采用直流正接，其他层采用直流反接。

4）试件清理

试件装配前用角向磨光机、锉刀、砂布和钢丝刷等清理坡口正反两面 20mm 范围内的油污、水分和铁锈，防止对焊缝产生影响。

5）试件的装配与定位焊

将清理的试件放在操作平台型钢上对齐找平，调整好间隙，用与正式焊接相同的焊条及工艺进行定位焊。定位焊在试件两端坡口内进行，定位焊的长度为 10 ~ 15mm，适当做好反变形，经检查合格后，按要求固定在操作架上，试件的高度以蹲姿操作方便为宜。

预留反变形的角度为 4°。

2. 工艺参数

板材对接仰焊工艺参数见表 6.4，供读者参考。

表 6.4 板材对接仰焊工艺规范参数

焊接层次	焊条直径 /mm	焊接电流 /A
第一层（打底焊）	3.2	100 ~ 120
第二层（填充层）	3.2	110 ~ 120

续表 6.4

焊接层次	焊条直径 /mm	焊接电流 /A
第三层（填充层）	3.2	105 ~ 120
	4.0	125 ~ 140
第四层（盖面焊）	3.2	100 ~ 140
	4.0	125 ~ 140

3. 焊接操作工艺方法

1）操作姿势

仰焊缝的焊接操作姿势是：仰焊一般为蹲姿，即蹲下身体焊接。焊缝的高度是：人蹲下时，焊缝高度距离头部高处 10mm 左右为宜。焊接时，可用正把、反把或直把操作（图 6.72），都要求有协调、平衡、稳固的身体，焊工与试件要有适当距离和角度，大臂带动小臂，以肩肘为支点，运用手腕的灵活动作运弧焊接。

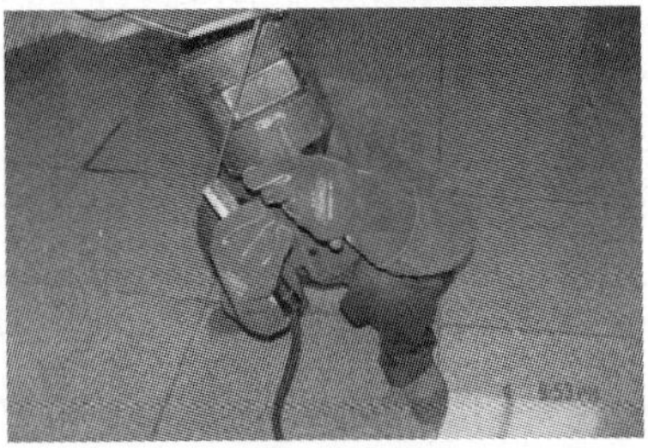

正把焊接

反把焊接

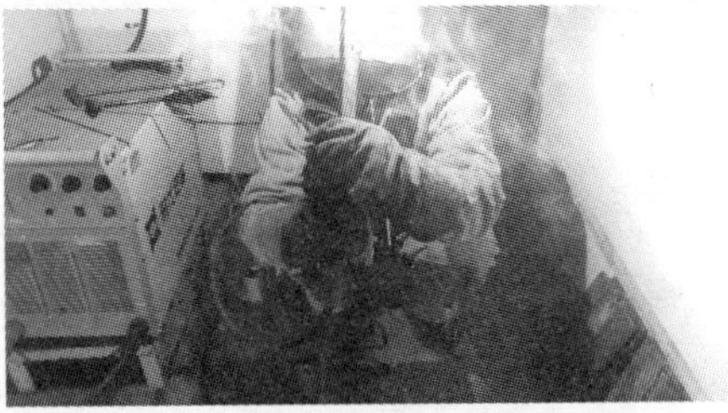

直把焊接

图 6.72　仰焊缝的焊接操作姿势

2）焊接操作方法

板材对接仰焊缝打底焊可采用断弧焊法或连弧焊法，连弧焊的对口间隙稍小于 1mm。

仰焊缝打底焊易出现的缺陷是：在焊接时，由于熔化金属的自重和温度过高向熔池中间集中而下坠，正面易产生中间高的问题或焊瘤，两侧产生夹角，背面易产生凹陷。

主要原因是：连弧焊时，熔池是在坡口侧正面形成熔池倒挂，需要靠焊条上顶和电弧的吹力，以及焊条角度及焊接速度来控制熔池温度，使焊缝背面成形。焊接速度快了熔化金属上不去，导致熔合不良或背面下凹，焊接速度慢了熔池温度高而下坠。

采用断弧焊时，其背面焊缝，不仅要靠焊条的上顶和电弧的吹力，还要靠大部分电弧在背面燃烧形成的熔池而形成焊缝，断弧焊可以控制熔池温度，使两侧熔合良好，控制背部成形，较容易克服焊缝缺陷的产生。

4. 打底焊

1）连弧焊

打底焊前，先将固定端打磨成斜坡状。

连弧焊打底时，焊条的前进角度为 60° ～ 80° （图 6.73），左右角度为 90° ，焊条端头对准焊缝中心，在定位焊缝上引弧前移，焊条上顶击穿焊缝根部（钝边）形成熔池而前行焊接，焊接至定位焊缝的末端。焊接过程中，焊条端部始终拖着铁水走。

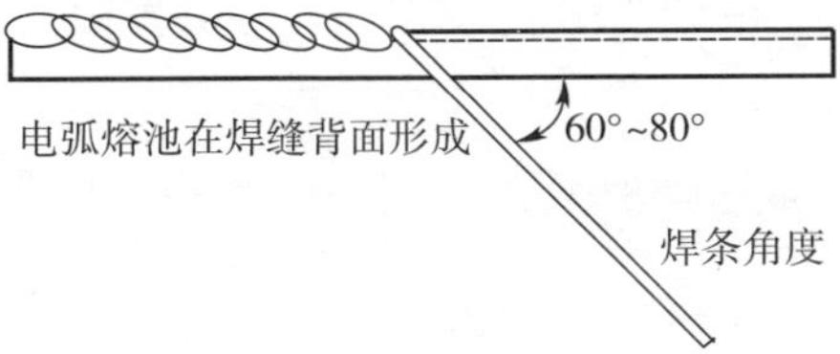

图 6.73　连弧焊焊条角度

焊接过程中要注意：

（1）观察焊条上顶的力度；防止粘焊条或电弧过长产生气孔、内凹等缺陷。

（2）击穿根部钝边熔化程度，即钝边大小应保持一致。

（3）焊条角度应一致。

当需要停弧时，焊接速度稍快停在熔池前方一侧。接头时换焊条的速度要快，在熔池（停弧处）后方 15 ～ 20mm 处引弧，然后迅速移至熔池接头处，待焊透，正常继续前行焊接，停弧接头见图 6.74。最好将收弧处的熔池打磨成 45° ～ 60° 的斜坡，接头质量要好。

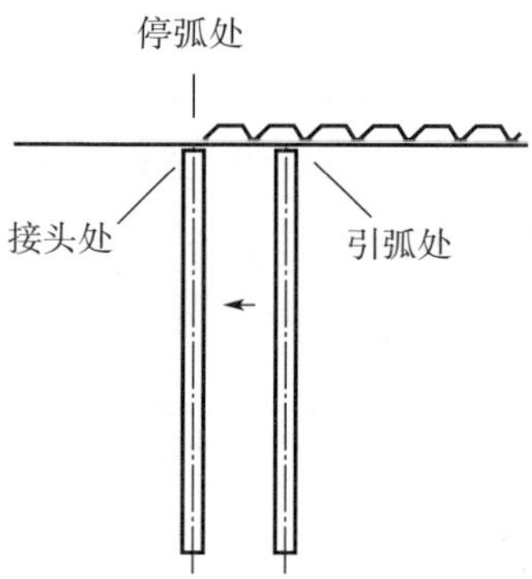

图 6.74　仰焊位停弧与接头示意图

连弧焊打底容易，但易出现接头处正面坡口内过高，背面接头低的现象。图 6.75 所示为连弧打底的效果。

图 6.75　连弧打底的效果

2）断弧焊

断弧焊打底时的电源极性为直流正接或反接均可。

打底前，焊工的身体应蹲平稳，面部距离起焊部位大约一根焊条的长度，也就是 300 ～ 400mm 的距离。

焊接过程中尽量不要晃动身体。焊接时，为了保证焊条给送位置准确，可以一手抓焊把，一手扶或靠着周围的工作架，也可以两手抓焊把，甚至一手抓焊把，另一手扶焊条，随着焊条变短，手逐步下移。图 6.76 所示为断弧焊打底时的焊接姿势。

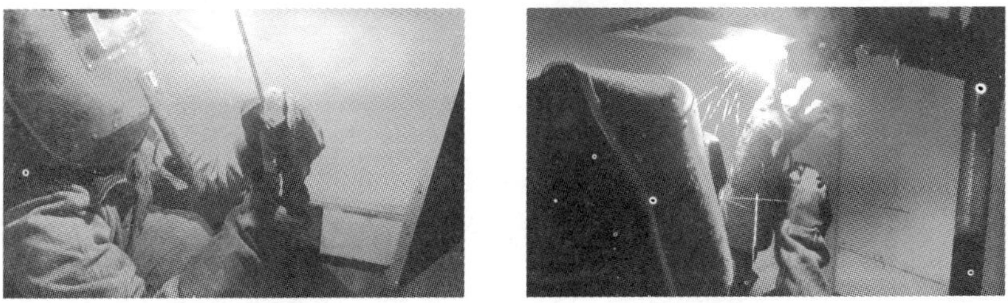

(a) 两手抓焊把　　(b) 一手抓焊把，另一手扶焊把

图 6.76　断弧焊打底时的焊接姿势

断弧焊打底时，焊条的后倾角为 60° ～ 80° 。左右倾角为 90° 。

断弧焊打底时，比连弧焊打底使用的电流要大 15% 左右，焊接时在始焊端定位焊缝上引弧，然后移至定位焊缝末端，压紧电弧稍慢上顶至钝边背面，熔化坡口两侧钝边，听到“噗噗”的声音，等形成熔池和熔孔即可灭弧，待熔池全部凝固的同时再起弧，这样重复下去，两面成形好，打底焊即顺利完成。

每次焊接时间为 1s 左右，灭弧时间也为 1s 左右，使焊条电弧透过对口间隙，形成熔孔，见图 6.77，每侧各熔化钝边处 0.5 ～ 1.5mm。

钝边熔化形成熔孔后，在打底焊缝背面燃烧形成熔池，用断弧焊的方法来控制熔池温度和熔化金属下坠，燃弧时间的长短决定给熔化金属的多少，熄（灭）弧时间的长短控制熔池温度的高低，焊接速度的快慢决定焊缝的高低、宽窄。焊接时，焊工要密切注意观察熔池的大小，从而决定焊接和停弧时间。当间隙大或熔孔大时，焊接时间要短，灭弧时间稍长；当间隙较小时，焊接时间稍长，灭弧时间稍短。

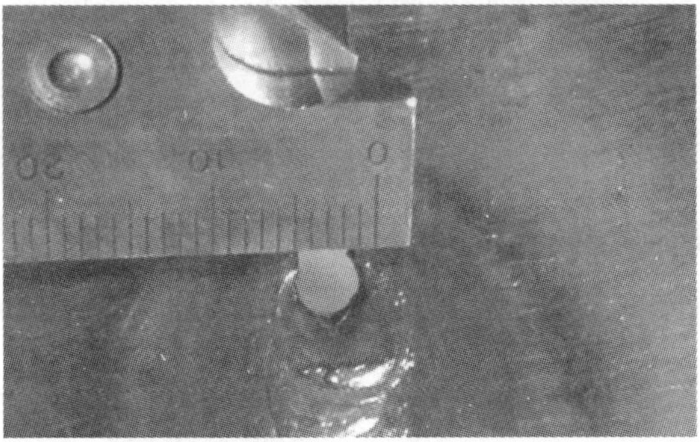

图 6.77　仰焊打底熔孔直径

断弧打底时，焊条几乎顶住钝边处，熔池的 2/3 以上是在焊缝背面形成的，1/3 在坡口内。断弧焊后一熔池压前一熔池的 1/2。

需要收弧时，在熔孔的一侧点一下，给少量铁水，这样可以有效减少收弧处产生较大的缩孔。

接头前，用角向砂轮机或锋钢锯条将收弧处打磨成斜坡状，这样做可方便接头，也能确保接头质量。

接头时，在待焊部位后方 10 ～ 15mm 处引燃电弧，压低焊条做锯齿形横向摆动，或直接将焊条运至接头部位，压低电弧击穿钝边，形成熔孔后果断断弧，而后进行正常焊接。由于接头时温度低，所以接头时停留时间是正常情况下 2 ～ 3 倍。为了保证接头质量，在各种焊接方法及位置中，尽量采用热接头。焊条引弧及接头位置见图 6.78。

断弧焊打底成形外观见图 6.79。

5. 填充焊

填充焊前要清理打底焊的熔渣、飞溅（图 6.80），特别是接头的凸起点要修平整。仰焊位要特别注意运弧时使边缘的温度适当提高，防止中间温度过高，可控制熔化金属下坠。

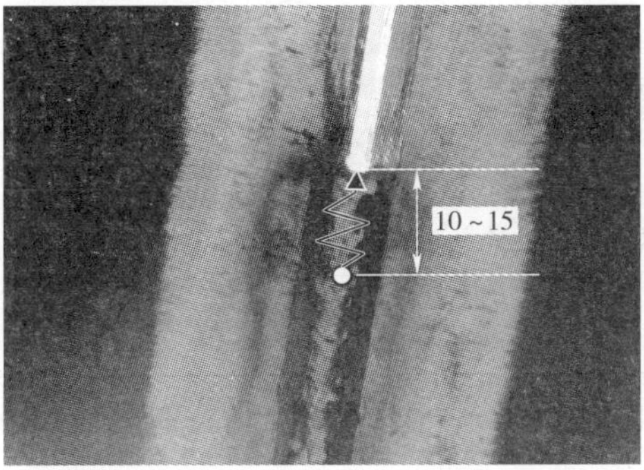

图 6.78 焊条引弧及接头位置

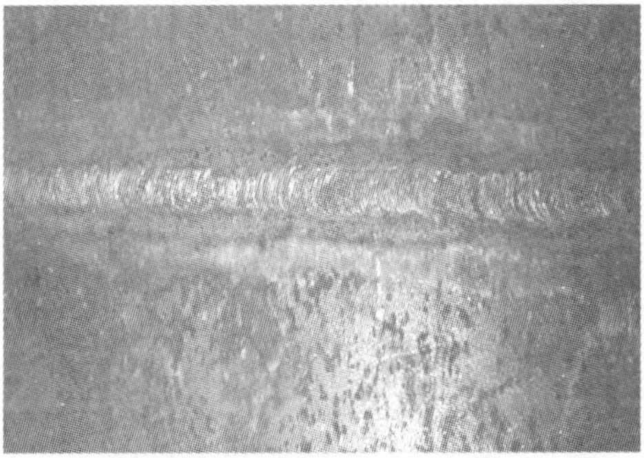

图 6.79 断弧焊打底成形图

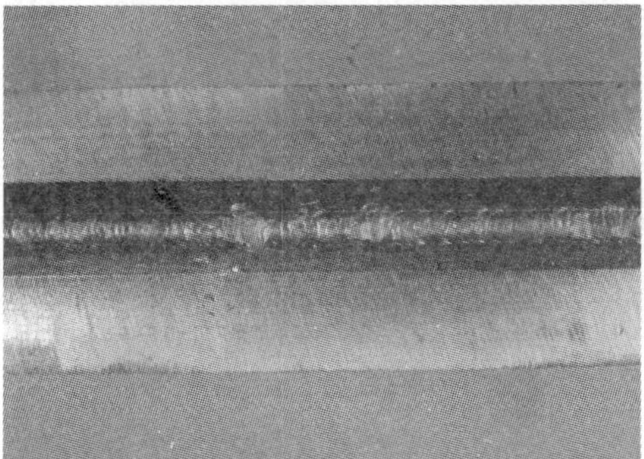

图 6.80 打底层完成后清理效果

填充焊电流要适当地大些，焊条角度与根层焊基本相同，见图 6.81。

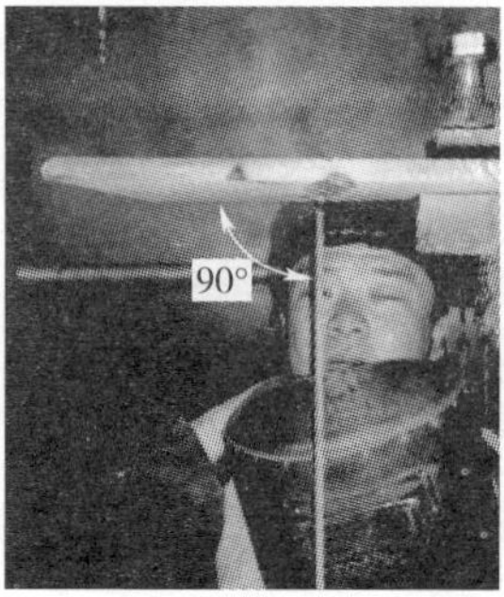

焊条左右倾角

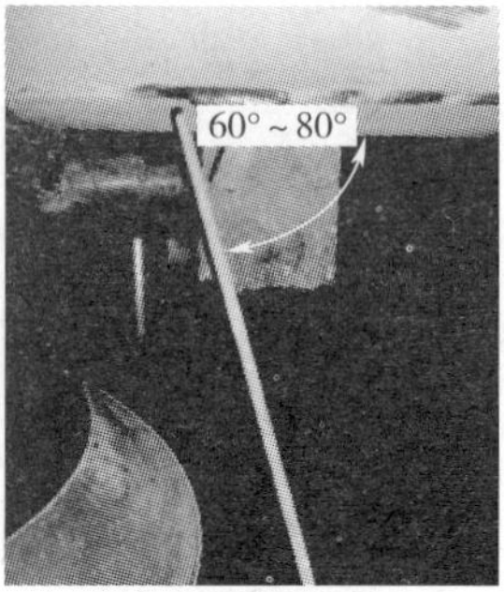

焊条后倾角

图 6.81　焊条角度

第一层填充时，采用锯齿形运弧法，第二层填充采用锯齿形或月牙形运弧法，运条时做到“两慢一快”，即当焊条到达两边时要慢，要停顿，以保证两个侧面熔合良好，电弧从坡口一侧到另一侧时要稍快，防止中间温度过高而使焊缝下坠，或者烧穿，见图 6.82，使焊道平滑过渡，填充焊层高度要低于坡口平面 1 ~ 1.5 mm，坡口边缘不可损坏。

图 6.82　打底层烧穿

填充层的分布情况如图 6.83 所示。

每次填充焊缝端头起弧运条速度要慢，焊接到焊缝末端时，可以断弧焊，填满弧坑，防止产生弧坑裂纹，降低焊缝的力学性能。

当需要停弧时，焊条运条到焊缝中心，然后收弧，见图 6.84。

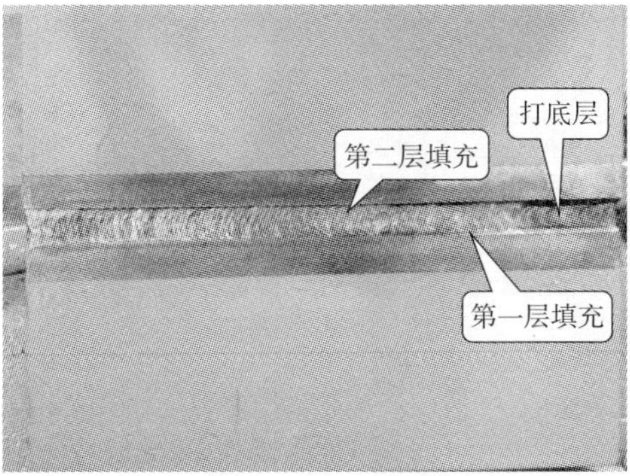

图 6.83　填充层分布图

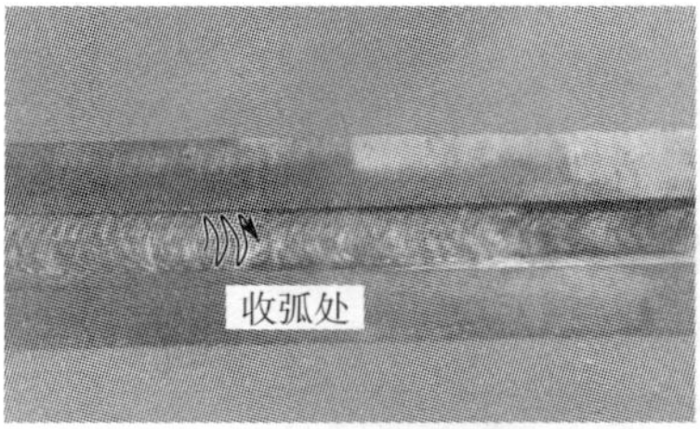

收弧位置

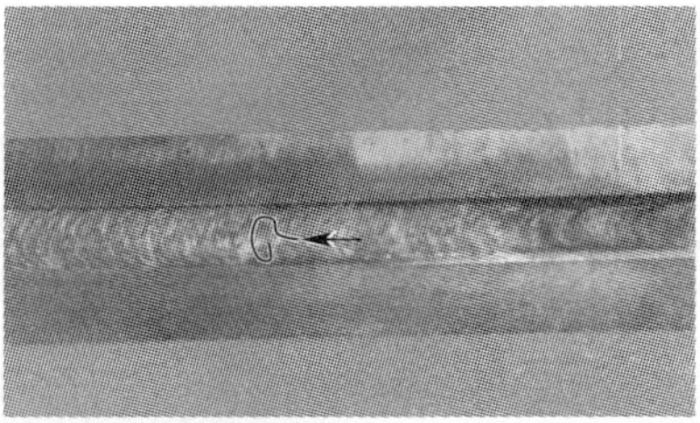

接头方法一

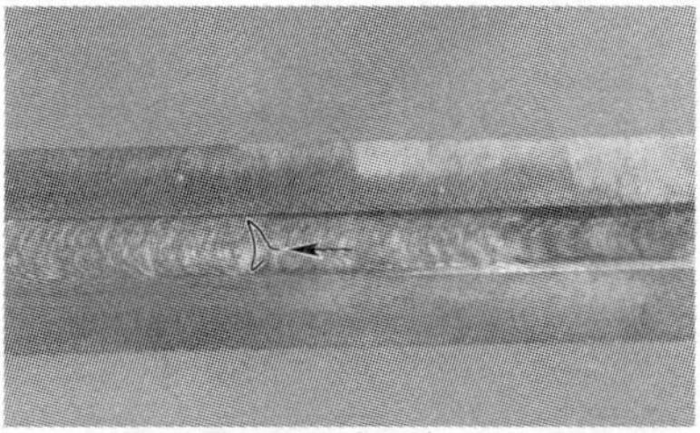

接头方法二

图 6.84　两种收弧方法

6. 盖面焊

盖面焊前，检查板件（焊缝）是否水平，防止焊缝因板件不水平而产生咬边。

清理前层焊接的熔渣飞溅，不平之处尽量修平整，调试好焊接规范参数，焊条角度、运弧方法与填充焊的相同，但摆动的幅度以超过坡口边缘 0.5 ~ 1 mm 为宜。

运弧时要注意两侧慢、中间快，与填充焊的焊接方法相同，切忌中间电弧高，提高两侧温度防止中间温度高，使焊缝平滑过渡，焊接过程中停弧要用增速法停弧或断弧法填满弧坑停弧，避免出现弧坑裂纹。

接头时，在接头前方 20 ~ 30mm 处引弧，再回焊到接头处，再继续往前焊接。焊缝末端收弧时采用回焊法或用断弧法填满弧坑。不得出现弧坑未填满现象（图 6.85）。

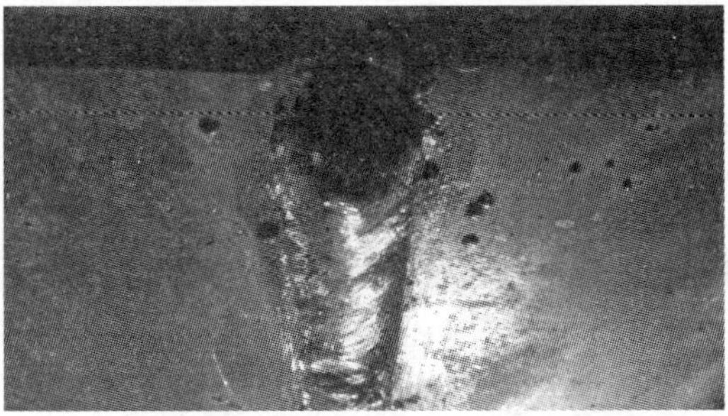

图 6.85　弧坑未填满

板材对接仰焊盖面焊缝外观成形见图 6.86。

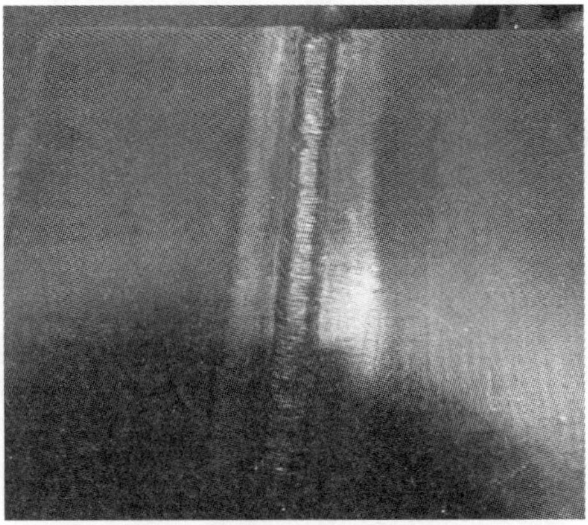

图 6.86　板材对接仰焊盖面焊缝外观

6.3 板材角接焊实例

角焊缝是工程中最常见的一种接头形式（T 形接头），如平角焊、横角焊、立角焊、仰角焊等。图 6.87 所示各种位置的角焊缝。

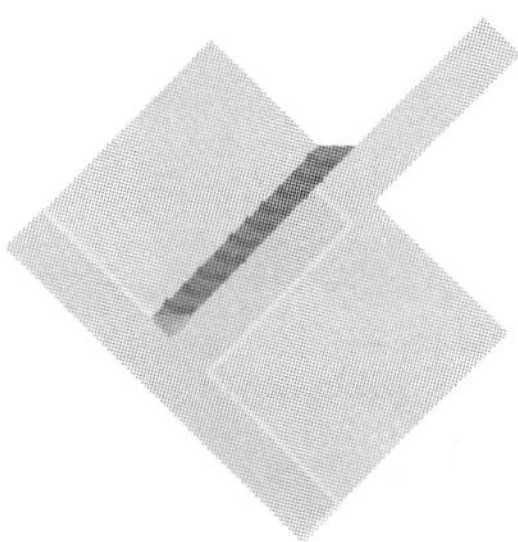

平角焊

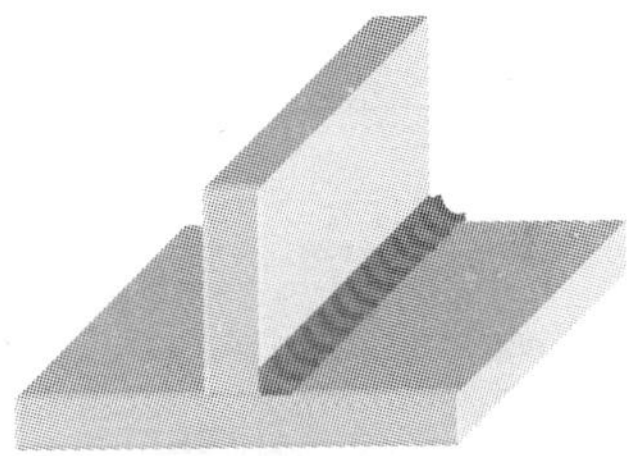

横角焊

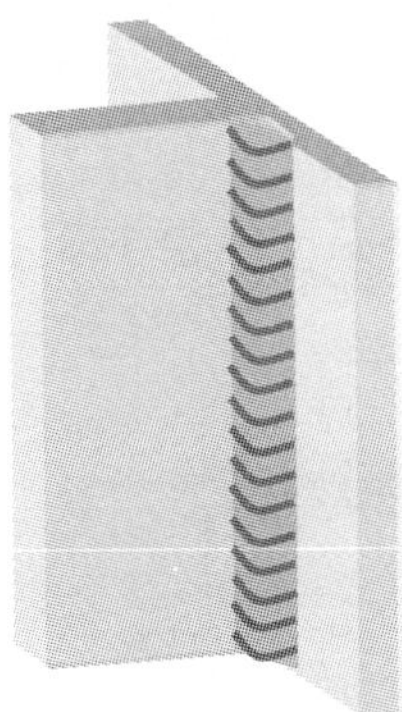

立角焊

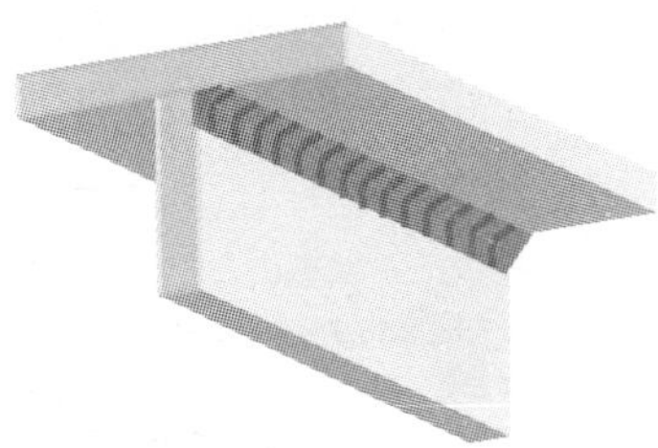

仰角焊

图 6.87　角接焊

焊接 T 形接头的操作难度不是很大，但要使两个焊脚尺寸达到相等的要求，是有一定难度的。原因是，角焊缝在焊脚尺寸上易产生很多问题，往往是上脚小、下脚大，中间焊道高，并带有棱角和沟槽等缺陷。因此，焊接时应注意：电流的大小、焊工与试件要有适当距离和角度、焊条的前进角度和左右角度，以及电弧长度的变化。

6.3.1 板材角接横焊操作技巧

焊接特点：板材角接横焊缝，因为熔池在角接的斜平面上，熔池金属易下滑，焊接时比较容易操作。如果焊接电流不合适，焊道排列不整齐，则会产生如铁水下坠、上脚小、下脚大、焊缝中间高、咬边等缺陷。因此，焊接时要用焊条角度、电弧长度和适当的焊接速度来控制焊缝成形。

1. 焊前准备

1）焊 件

以焊工比赛中使用的试件为例进行说明。

试件尺寸：12mm × 100mm × 150mm × 300mm。

试件材质：16Mn。

接头形式：T 形，无坡口，见图 6.88。

2）焊接材料

焊条型号为 E5015，焊条直径为 ϕ3.2mm、ϕ4.0mm。

焊条烘干 350 ～ 380℃，恒温 1 ～ 2h，温度降至 120 ～ 150℃，放入保温桶待用。

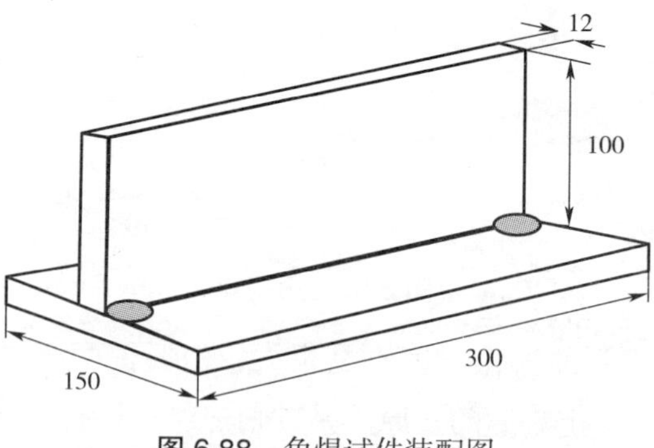

图 6.88 角焊试件装配图

3）焊接电源

使用 ZX7-400 型数字显示焊机，直流反接。

4）试件清理

试件装配前，用角向磨光机、锉刀、砂布和钢丝刷等将待焊处 20 ~ 30mm 范围内的油污、水分、氧化物、毛刺和铁锈等清除干净，直至露出金属光泽。

在施工中，对于不太重要或要求不高的焊件，清理程度可适当降低。

5）试件装配与定位焊

将清理好的试件，放在工作台上对齐找正、对口不留间隙，用与正式焊接相同的工艺和焊接材料在试件两端的焊口角内进行定位焊，焊缝长度为 15mm 左右，两端处理成斜坡，并有适当的反变形。组装后经检查合格后，按焊位和合适的高度固定在操作架上。

2. 工艺参数

焊接工艺参数见表 6.5。

表 6.5 板材角接横焊缝工艺参数

	操作方法	焊条直径 /mm	焊接电流 /A	电源极性
装配定位焊	断弧焊	$\phi3.2$	100 ~ 150	直流反接
根层打底焊	连弧焊	$\phi3.2$	100 ~ 130	直流反接
中层填充焊	连弧焊	$\phi4.0$	140 ~ 180	直流反接
盖面层施焊	连弧焊	$\phi4.0$	140 ~ 170	直流反接

3. 焊接操作工艺方法

1）操作姿势

焊接时，操作姿势与板对接平焊焊缝的操作姿势相似，要求身体平衡，协调稳固，两脚与肩同宽，焊工与试件要有适当的距离和角度，大臂带动小臂，以肩、肘为支点，灵活运用好手腕的动作，控制焊把运弧焊接。

焊条角度和电弧长度及焊接速度，对角焊缝的成形及质量影响很明显，是产生缺陷的基本原因。

板材角接横焊缝为右向焊法，正把焊接，操作姿势见图 6.89。

板材角接横焊缝的焊条角度如图 6.90 所示。

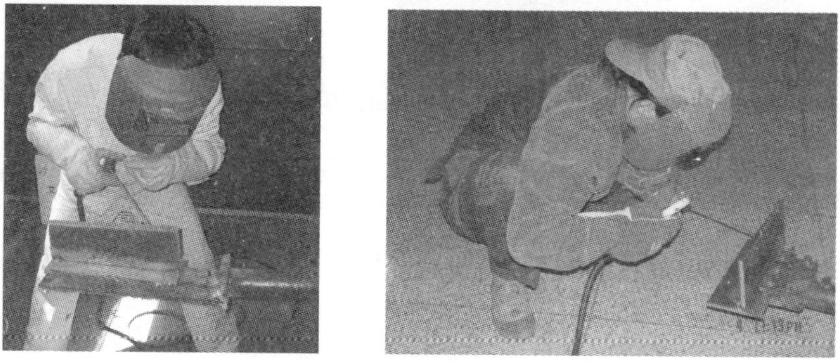

图 6.89　操作姿势

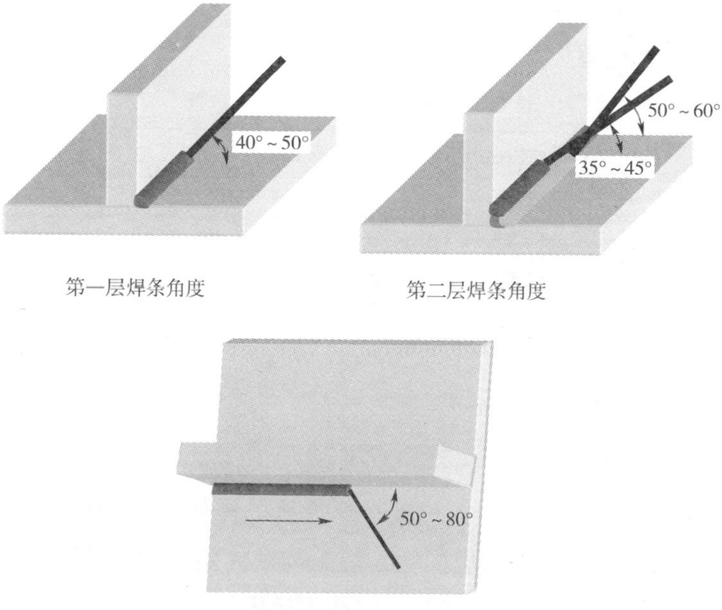

图 6.90　板材角接横焊缝焊条角度

2）焊接操作方法

焊接时，焊条的前倾角为 50° ~ 80°，焊条的角度决定焊缝的宽窄、薄厚，以及成形质量。前倾角度大，焊缝宽而薄，波纹为月牙形，见图 6.91（a）。当前倾角度较小时，焊缝窄而厚，焊缝波纹为顶部较尖，见图 6.91（b）。

(a) 顶部是半圆形　　(b) 顶部是尖形

图 6.91　月牙形波纹

角焊缝的引弧、停弧、接头和收弧的方法如下：

在定位焊缝上引弧，然后前行焊接。角焊缝各层道的焊接、引弧、停弧、接头都与板对接的焊接方法相同，收弧时用回焊法或断弧焊的方法填满弧坑。

角焊缝的运弧方法主要是直线形、直线往复形、斜锯齿形或斜圆圈形。操作时，焊条摆动不可过大，一般摆动 1 ~ 3mm 即可。

各层焊接时的注意事项：

第一层焊接时速度要慢，焊条中心对准直角中心，不可偏移。

第二层第一道熔池上边缘沿着第一层第一道 2/3 处前进，焊接速度稍慢，为第二道打好基础。第二道熔池下边缘沿着第二层第一道的中心线前进。焊接速度比第一道稍快。以后各层道以此类推。

第三层第一道熔池上边缘沿着第二层第一道 1/2 处前进，焊接速度稍慢，为第二道打好基础。第二道熔池下边缘沿着第一道的 1/2 处前进。焊接速度比第一道稍快。第三道熔池沿着第二道的 1/2 处前进。

以后各层各道以此类推，如图 6.92 所示。

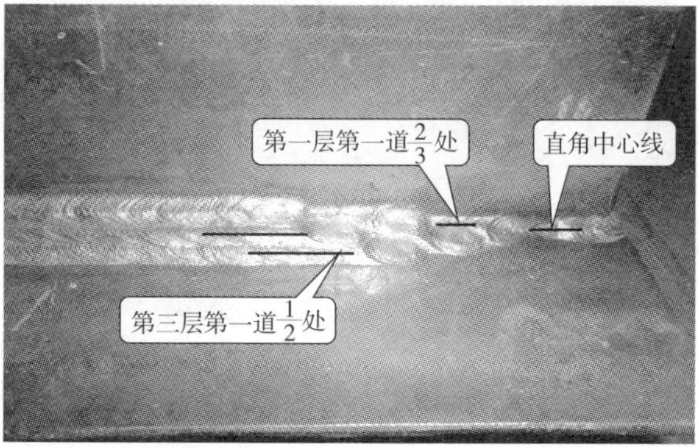

图 6.92　焊缝层道间的搭接位置

焊缝的层道一般为第一层一道，第二层两道，第三层三道，以此类推，如图 6.93 所示。

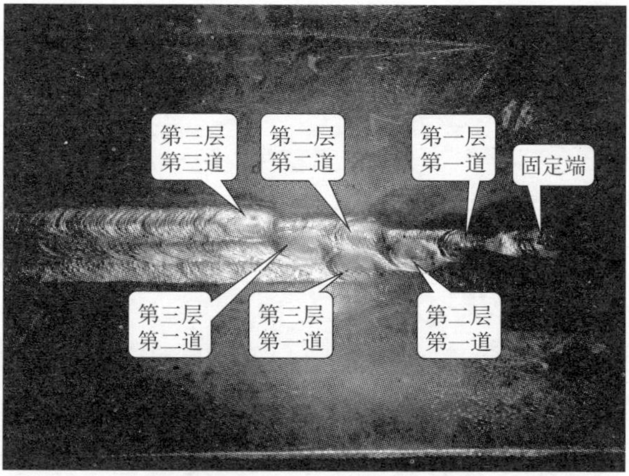

图 6.93　焊缝的三层焊道

焊接的层道尺寸以角焊缝母材中最薄的一块为准，比如最薄的一块板厚度为 10mm，那么焊脚高度就是 10mm，一般焊接三层就可以了。

焊缝表面为平面或凹面较好，如图 6.94 所示。

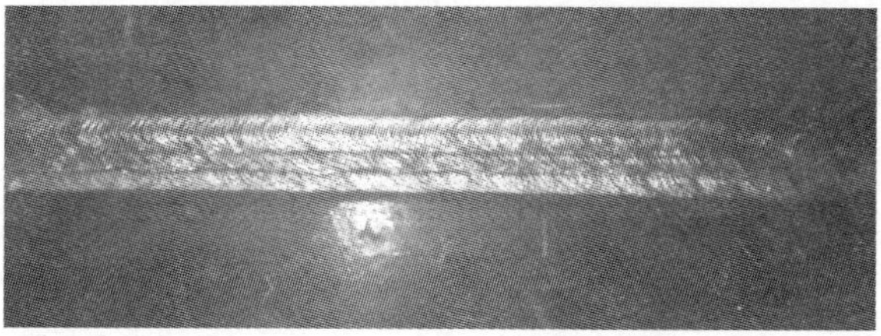

图 6.94 板材角接横焊缝外观成形图

6.3.2 板材角接立焊操作技巧

焊接特点：板材角接立焊时，熔池也基本是椭圆形的。在角接立焊缝的立面上，两侧板厚相同，需要的电弧热量相同，如果熔池两侧温度低，两侧停留时间不均匀，焊道易产生中间高、两侧有咬边的现象。因此，焊接时通过运弧方法来提高熔池两侧温度和控制熔池形状。

1. 焊前准备

1）焊 件

试件尺寸：12mm × 100mm × 150mm × 300mm。

试件材质：16Mn。

接头形式：T 形，无坡口。

2）焊接材料

焊条型号为 E5015，直径为 ϕ3.2mm、ϕ4.0mm。焊条经 350 ~ 380℃烘干恒温 1 ~ 2h，然后放入保温箱内，并接通电源待用。

3）焊接电源

焊接电源为 ZX7-400，直流反接。

4）试件清理

试件装配前，用角向磨光机、锉刀、砂布和钢丝刷等清理待焊部位 20 ~ 30mm 范围内的油污、水分、氧化物、毛刺和铁锈等，直至露出金属光泽。

5）试件装配与定位焊

将清理好的试件，对齐找正、不留间隙，用与正式焊接相同的工艺和焊接材料，在试件两端的焊口角内进行定位焊，焊缝长度为 15mm 左右，两端处理成斜坡，并有适当的反变形。组装后经检查合格后，按焊位和合适的高度固定在操作架上。

2. 工艺参数

板材角接立焊工艺规范参数见表 6.6。

表 6.6　角接立焊的工艺规范参数

	操作方法	焊条直径 /mm	焊接电流 /A	电源极性
装配定位焊	连弧焊	3.2	120 ~ 130	直流反接
根层打底焊	连弧焊	3.2	95 ~ 125	直流反接
中层填充焊	连弧焊	4.0	120 ~ 160	直流反接
盖面层施焊	连弧焊	4.0	140 ~ 180	直流反接

3. 焊接操作工艺方法

1）操作姿势

焊接前根据站姿或蹲姿调整好板件的高度，以身体舒适为宜。

板角接立焊的操作姿势见图 6.95。

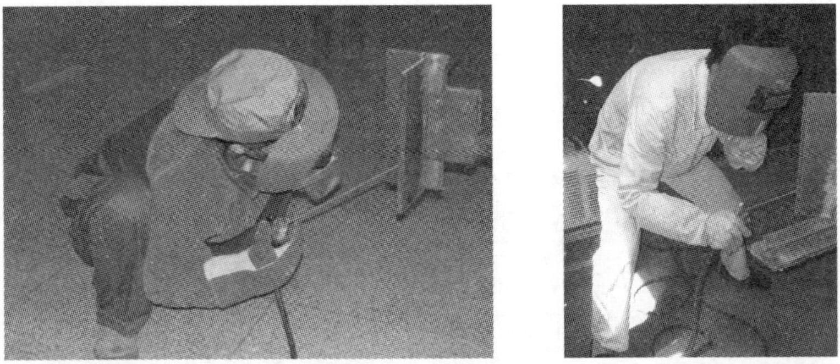

图 6.95　操作姿势

一般采用正把焊接，身子稍微向左侧偏斜 15° 左右，确保焊条正对焊缝中心。身体要协调稳固，操作者与焊件要有适当的距离和角度，大臂带动小臂，以肩、肘为支点，运用手腕的灵活动作控制焊把运弧焊接。

焊接时，12mm 厚的母材焊三层。在工作中，焊接层道根据母材厚度或技术要求来确定。每层的厚度一般为 3 ～ 4mm。打底焊选用直径 ϕ3.2mm 的焊条焊接，填充和盖面层道采用直径 ϕ4mm 焊条焊接，焊接时焊条的下倾角度为 40° ～ 85°，焊条的左右角度为 45°，见图 6.96。

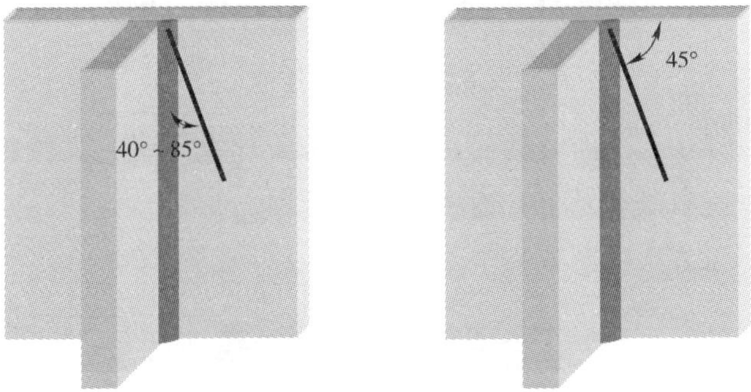

焊条下倾角度　　焊条左右角度

图 6.96　焊条的操作角度

2）焊接操作方法

焊接时除第一层选用 ϕ3.2mm 焊条焊接，其他层次选用直径 ϕ4.0mm 焊条，大厚工件还可选用大直径焊条焊接。

焊接时运弧的方法：一般选用锯齿形、三角形和反月牙形，角接立焊因液体金属的自重，焊缝会产生中间高、两侧低的问题，两侧易产生咬边，操作中应采用两侧慢、中间快的手法，可使两边的温度适当提高，过渡较多的铁水，防止中间温度过高，焊缝金属下坠和出现咬边缺陷。

焊接时，一般第一层（根层）采用三角形运弧法，也可选用断弧焊。

第二层采用锯齿形或反月牙形运弧方法，以提高两侧温度，使焊缝平整，根据熔池和两侧温度需要适当控制两侧的停留时间，以达到焊道成形平整、光滑，无缺陷。

每次焊缝的熔池应控制成椭圆形，见图 6.97。

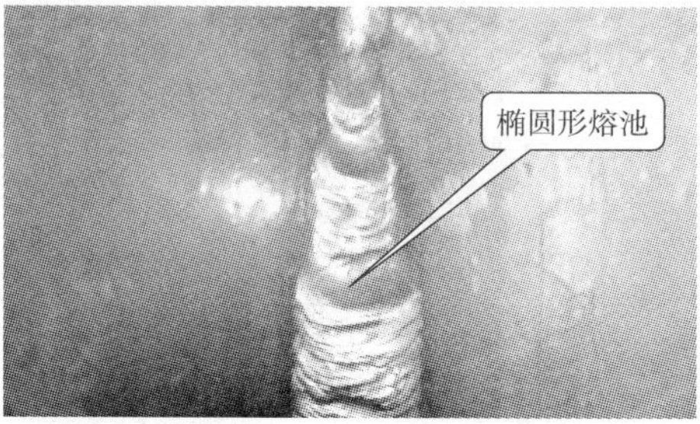

图 6.97　椭圆形熔池

第二层焊接起头时，为防止起头部位（焊缝下端）铁水下流，应采用断弧焊。左右摆动及上升速度要慢。

各层运弧方法见图 6.98。

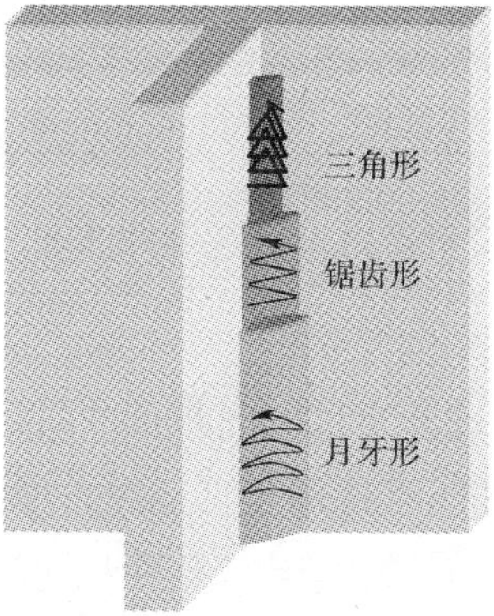

图 6.98　各层运弧方法示意图

引弧、停弧、接头与收弧的方法和前面的板对接立焊方法基本相同。收弧时，因板材最上部位的温度高，在距离顶部 5 ～ 10mm 时可以采用断弧焊。

焊接时还可用 8 字形运弧法。运用 8 字形运弧法时，电弧两侧要稍长些，而运至中间要短些，这样两侧温度不低不咬边，中间温度不高，焊道平整，焊缝波纹又会出现双鱼鳞状，美观且焊脚基本一样大。8 字形运弧法如图 6.99 所示。

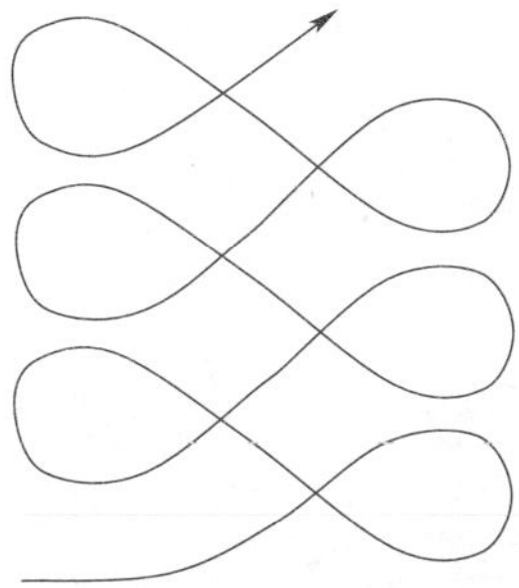

图 6.99　8 字形运弧法

8 字形运弧法有电弧高低的变化和速度变化，最后的外观成形如图 6.100 所示。

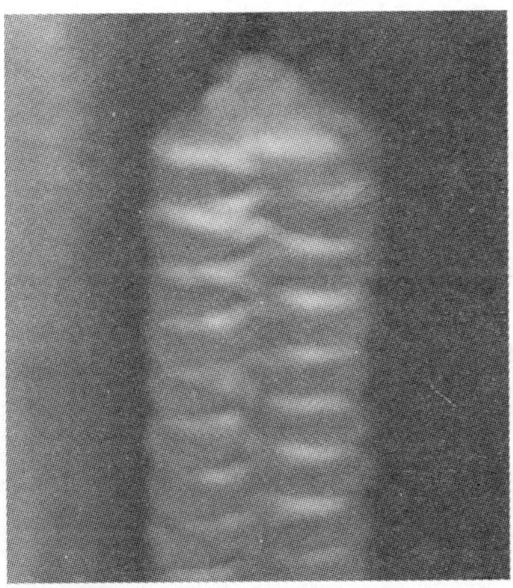

图 6.100　8 字形运弧法成形效果

角接立焊缝各层次焊接的引弧、停（熄）弧、接头与收弧的方法和前面的方法相同。

焊接时易出现的缺陷：焊缝两侧咬边并出现夹角，焊道中间高、不平整或不平滑过渡，这主要是运弧方法不正确，焊接电弧在两边没有停留时间，电弧的长度在两侧压得太死，而中间电弧又较长所造成的。角接立焊缝外观如图 6.101 所示。

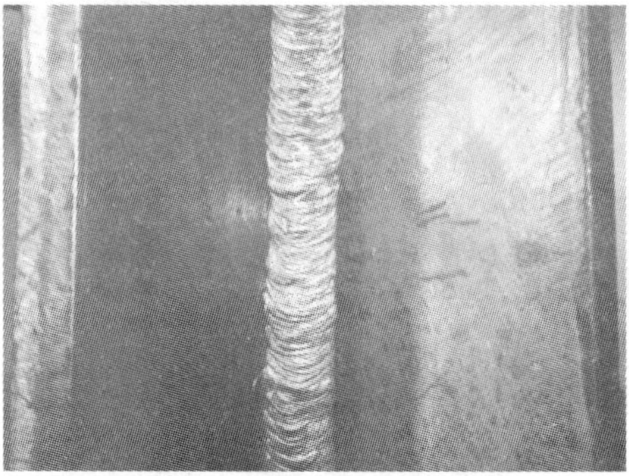

图 6.101　角接立焊缝外观图

6.3.3　板材角接仰焊操作技巧

焊接特点：板材角接仰焊有一定难度，这是因为熔化金属由于自重，易下滑，焊道成形上焊趾处（图 6.102）易咬边，焊道中间高，铁水下坠及焊道间衔接过渡不平滑，有沟槽等缺陷。焊接时注意随时调整焊条角度、焊接速度及运弧方法。角接仰焊缝多采用多层多道的焊接方法控制焊缝成形。

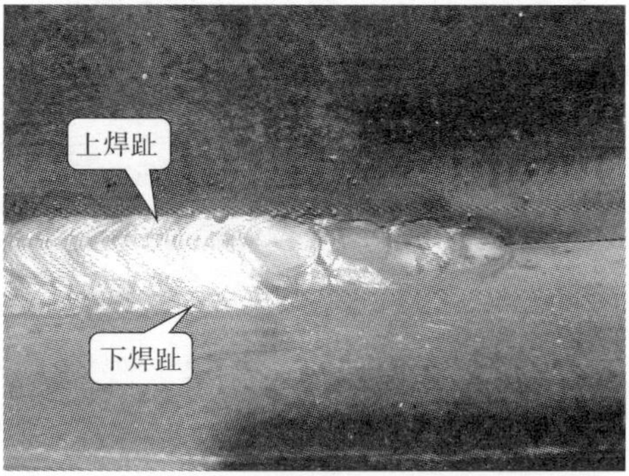

图 6.102　焊趾所在位置

1. 焊前准备

1）焊　件

试件尺寸：12mm × 100mm × 150mm × 300mm，见图 6.103。

试件材质：16Mn。

接头形式：T 形接头，角接仰焊。

图 6.103 板材角接仰焊焊件

2）焊接电源及极性

使用 ZX7-400 逆变弧焊机，采用直流反接法。

3）焊接材料

焊条型号：E5015。

焊条直径：ϕ3.2mm、ϕ4.0mm。

焊条经 350 ~ 400℃烘干，恒温 1 ~ 2h，装入保温箱待用。

4）试件清理

试件装配前，用角向磨光机、锉刀、砂布和钢丝刷等清理坡口正反两面 20 ~ 30mm 范围内的油污、水分、氧化物、毛刺和铁锈等，直至露出金属光泽。

在施工中，对于不太重要或要求不高的焊件，清理程度可适当降低。

5）试件装配与定位焊

将清理好的试件，对齐找正、不留间隙，用与正式焊接相同的工艺和焊接材料在试件两端的焊口角内进行定位焊，焊缝长度为 15mm 左右，两端处理成斜坡，并有适当的反变形。组装后经检查合格后，按焊位和合适的高度固定在操作架上。

2. 工艺参数

焊接规范参数见表 6.7。

表 6.7　角接仰焊规范参数参考表

焊　层	操作方法	焊条直径 /mm	焊接电流 /A	电源极性
定位焊	连弧	3.2	110 ～ 140	直流反接
根层焊	连弧	4.0	140 ～ 180	直流反接
填充焊	连弧	4.0	130 ～ 180	直流反接
盖面焊	连弧	4.0	130 ～ 180	直流反接

3. 焊接操作工艺方法

角接仰焊一般采用蹲姿焊接。焊工蹲在一根焊条所焊焊缝长度的中间位置，这样在一定范围内可以减少焊缝歪斜。焊接方向始终采用自左向右的右向焊法。

角焊缝的焊脚高度一般根据图纸或作业指导书等确定，若没有图纸或作业指导书，应按两块板中最薄的一块板的厚度为准。要求上下焊脚高度基本一致。焊接时焊缝的层道数，一般按第一层焊一道，第二层焊两道，第三层焊三道，以此类推。

第一层打底焊，采用 ϕ3.2mm 焊条打底焊，焊前先将焊条下倾角预置为 40°　～ 50°，前倾角为 60°　～ 80°（图 6.104）。在焊缝起头端引燃电弧后，以小锯齿形、三角形或斜圆圈形运弧前进。因起头部位一般温度都低，最初的熔池都比较窄而且厚，所以起头部位摆动宽度比后面正常焊接时稍大。第一层焊接时焊接速度稍慢，焊条端部始终对准角焊缝的中心前进，使焊缝上下母材熔合良好。

以后的每道焊缝焊接时，最前端 10mm 左右，摆动幅度要比正常焊接时稍大，每次焊道接近尾部时，焊条摆动幅度要小，或者不摆动，从而使整道焊缝宽窄一致。

每一道焊缝焊接到尾部时，焊缝的温度最高，经常出现飞溅大、熔池铁水下淌的问题，产生较大弧坑、咬边，这时可以压低电弧，采用断弧焊或者加大焊条前倾角，为 100° ~ 150° （图 6.105 ）。

焊条下倾角度　　　　焊条前倾角度

图 6.104　焊条倾斜角度

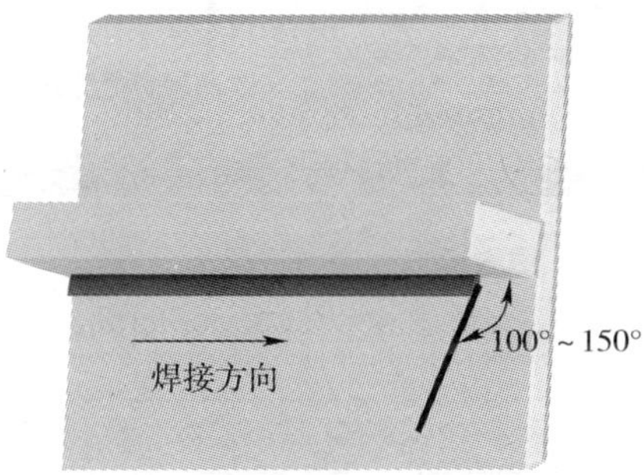

图 6.105　焊条前倾角度

其他各层次均采用 ϕ4.0mm 焊条。要注意熔池温度特别是两侧的温度，要平滑过渡，防止产生高低不平和咬边，焊接时控制熔池温度和焊缝成形，及时调整焊条角度和焊接速度。

第二层第一道熔池上边缘沿着第一层第一道 2/3 处前进，焊接速度稍慢，为第二道打好基础。第二道熔池下边缘沿着第二层第一道的中心线前进。焊接速度比第一道稍快。

第三层（盖面层），第一道熔池上边缘沿着第二层第一道 1/2 处前进，焊接速度稍慢，为第二道打好基础。第二道熔池下边缘沿着第一道的 1/2 处前进。焊接速度比第一道稍快。第三道熔池沿着第二道的 1/2 处前进。

仰角焊层间分布如图 6.106 所示。板材角接仰焊缝层道衔接及注意事项如表 6.8 所示。

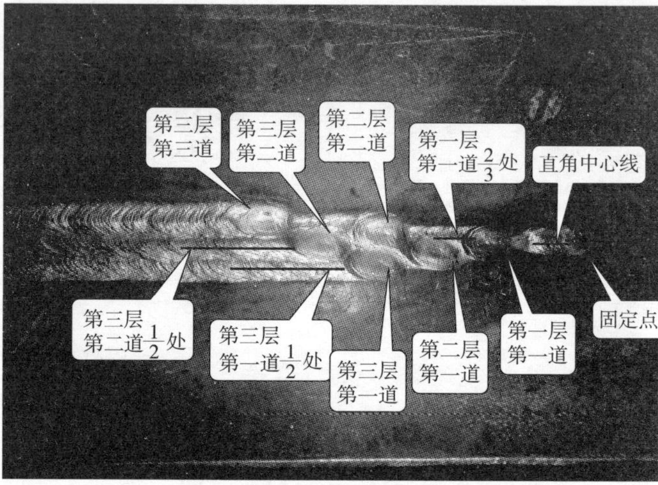

图 6.106　仰角焊层间分布

表 6.8　板材角接仰焊缝层道衔接及注意事项

层　数	道　数	层道衔接及注意事项
第一层	第一道	第一层焊接时焊接速度稍慢，焊条端部始终对准角焊缝的中心前进，使焊缝上下母材熔合良好
第二层	第一道	第一道熔池上边缘沿着第一层第一道 2/3 处前进，焊接速度稍慢，为第二道打好基础
	第二道	第二道熔池下边缘沿着第二层第一道的中心线前进。焊接速度比第一道稍快
第三层	第一道	第一道熔池上边缘沿着第二层第一道 1/2 处前进，焊接速度稍慢，为第二道打好基础
	第二道	第二道熔池下边缘沿着第一道的 1/2 处前进。焊接速度比第一道稍快
	第三道	第三道熔池沿着第二道的 1/2 处前进，焊接电流稍小，焊接速度快，注意焊条角度，防止产生咬边
第 N 层	共 N 道	主要操作要领参照第三层的焊接方法

以后各层各道的焊接方法以此类推。

盖面焊三道，由下往上排列焊接，第一道的焊条下倾角的角度为 40° ~ 50° 。第二道的焊条角度为 40° ~ 60° ，焊缝的最上一道，最容易产生咬边，调整焊条角度，焊条的下倾角为 30° ~ 40° ，调小焊条角度，焊接速度稍快，采用直线往复运弧法。可以使用 ϕ3.2mm 的焊条，采用小电流焊接。

盖面层焊条角度如图 6.107 所示。

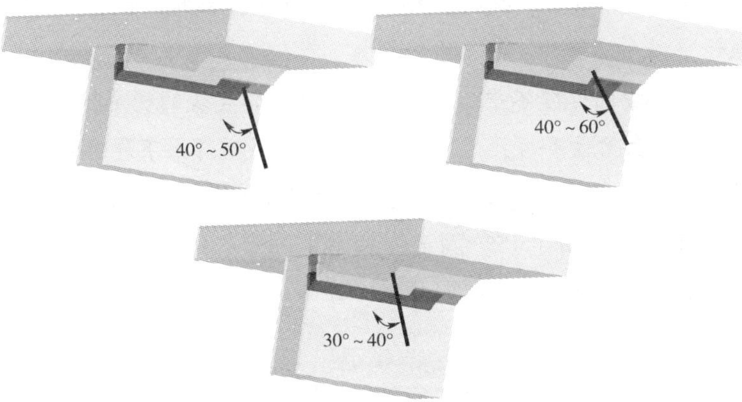

图 6.107 盖面层焊条角度

若焊接后发现咬边较长、较深，超出标准范围时，可以采用细焊条、小电流、快焊速沿着咬边处补充一道焊缝。

焊接时注意焊道与焊道排列，衔接处应平滑，避免产生沟槽。

无论打底、填充、盖面，焊接时要控制熔池温度和焊缝成形，若发现问题应根据具体情况随时调整焊条角度和焊接速度。

角接仰焊外观成形如图 6.108 所示。

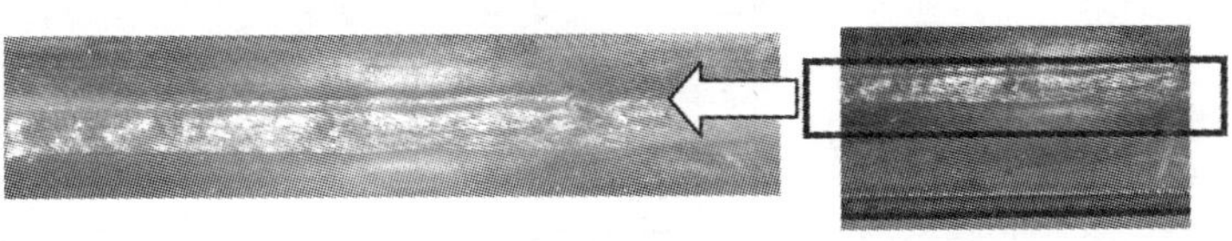

图 6.108 角接仰焊外观成形

6.4　管对接焊实例

6.4.1　管对接垂直固定焊操作技巧

焊接特点：管对接垂直固定焊，类似于焊材对接横焊，因有弧度，焊接时要围绕管转动焊接，所以在操作上会增加一定难度。管垂直固定焊口，熔池在管壁横向环缝的立面上进行焊接，熔化金属易下坠，造成焊缝上部内外易咬边，中间焊缝不平。因此，要注意操作姿势的稳定性，随时调整焊条角度、运弧方法和焊接速度，并注意多层多道焊上下焊道的搭接量。

管道固定口的焊接，管径的变化范围是 $\phi42$ ~ $\phi159$mm，包括垂直固定焊、水平固定焊、45° 固定焊和水平固定加障碍焊等，从 1987 年以来，分别被列为焊工比赛项目。

1. 焊前准备

1）焊　件

试件尺寸：133mm × 8 mm × 200mm，见图 6.109。

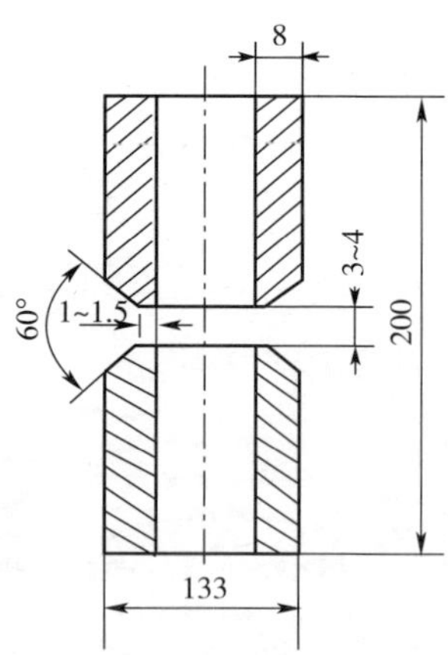

图 6.109　管对接垂直固定焊试件尺寸示意图

试件材质：20 号钢。

坡口形式：V 形，角度为 60° 。

对口间隙：3 ~ 4mm。

钝边厚度：1 ~ 1.5mm。

2）焊接材料

焊条型号为 E5015。焊条直径为 ϕ2.5mm、ϕ3.2mm，焊条经 350 ~ 380℃烘干，恒温 1 ~ 2h，降至 120 ~ 150℃装入保温箱中待用。

3）焊接电源

使用 ZX7-400 逆变焊机，采用直流反接。

4）试件清理

试件装配前，用角向磨光机、内磨机、锉刀、砂布和钢丝刷等清理管道坡口内外两面 20mm 范围内的油污、水分、氧化物、毛刺和铁锈等，见图 6.110，直至露出金属光泽。

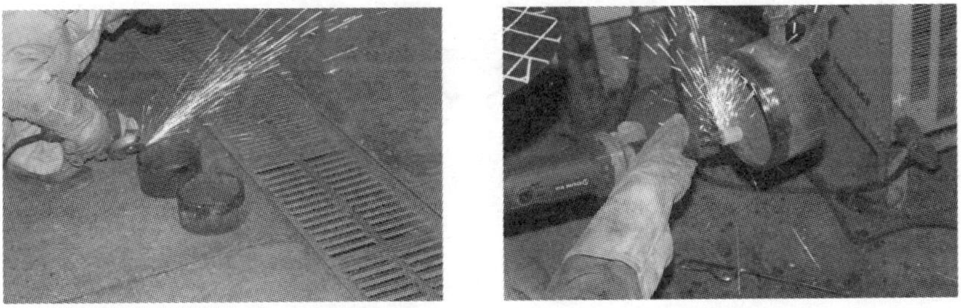

图 6.110 清理坡口内外

5）试件装配与定位焊

将清理好的试件，对齐找正、留好间隙，用与正式焊接相同的工艺和焊接材料在管道坡口内进行定位焊，一般为 2 ~ 3 点，每点长度为 10 ~ 15mm，不得有缺陷，定位焊道两端处理成斜坡，以方便接头，并有适当的反变形，见图 6.111。组装后经检查合格，按焊位和适当的高度固定在操作架上待焊。定位焊、起焊点位置如图 6.112 所示。

管对接垂直固定焊实际上是管的横向环焊缝。

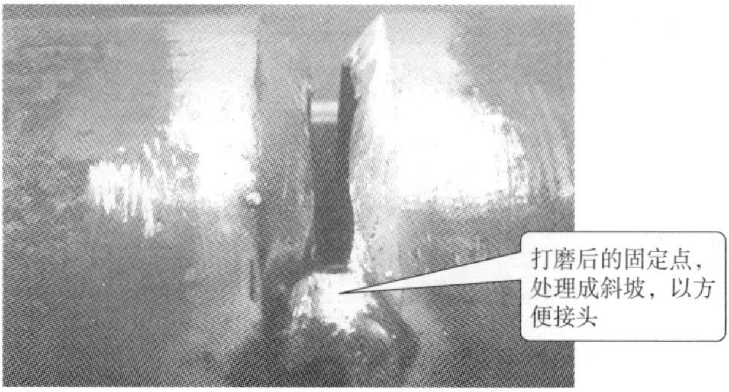

图 6.111　固定点修磨后的形状

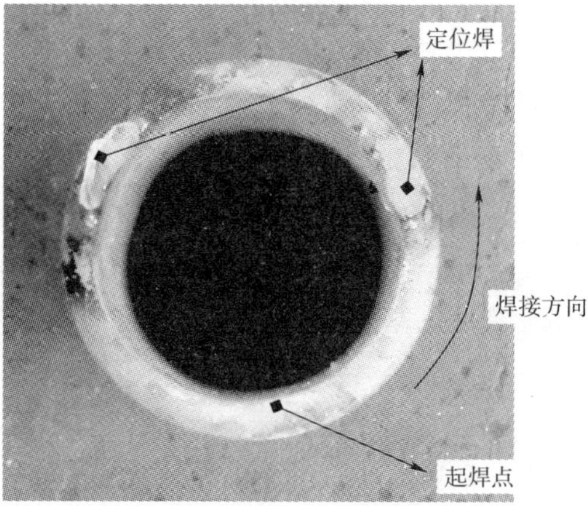

图 6.112　定位焊、起焊点位置

2. 工艺参数

焊接工艺规范参数见表 6.9。

表 6.9　焊接工艺规范参数参考值

	焊接方法	焊条直径 /mm	焊接电流 /A	电源极性
装配定位焊	Ds	ϕ2.5	80 ~ 110	直流反接
根层打底焊	Ds	ϕ2.5	95 ~ 110	直流反接
中间填充焊	Ds	ϕ3.2	100 ~ 130	直流反接
盖面层施焊	Ds	ϕ3.2	100 ~ 130	直流反接

注：Ds 表示焊条电弧焊。

3. 焊接操作工艺方法

1）操作姿势

管对接垂直固定焊，一般操作姿势为蹲姿，两脚与肩同宽，面对试件（焊缝），要有适当的距离和角度，协调、稳固的身体，大臂带动小臂，以肩肘为支点，手臂在胸前操作焊接，一般为右焊法，正把焊接，操作姿势见图 6.113。

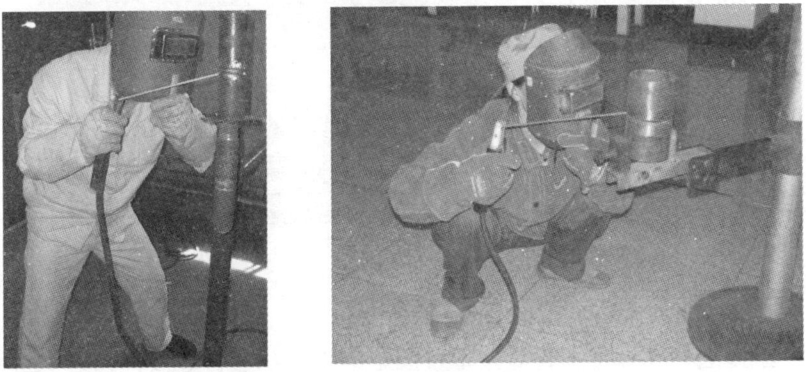

图 6.113 操作姿势示意图

2）焊接操作方法

管对接垂直固定焊应注意焊缝要熔透均匀，背面焊道饱满，避免上面焊道咬边，下面焊道下坠出现棱角。

（1）打底焊。管对接垂直固定打底焊，可采用连弧焊和断弧焊。连弧焊和断弧焊对组装间隙要求不同，连弧焊打底，要求对口间隙比断弧焊的间隙小 1mm 左右，断弧焊打底对口间隙最小为焊条直径，最大为所用焊条直径加 1 ~ 2mm。如所用焊条直径为 3.2mm, 那么对口间隙就是 3.2 ~ 4.2（5.2）mm。

连弧焊打底，焊接时在两个定位焊点之间坡口内引弧，采用小锯齿形或往复直线运弧法，先熔化偏左上侧钝边，迅速再熔化偏右下侧钝边，形成一个搭桥，熔池形成后，焊条向里压送至根部，焊条的前倾角度为 75° ~ 85°，下倾角度为 70° ~ 80°（图 6.114），运弧时除了焊条角度的作用外，电弧运行到上钝边时要灵活一些，电弧运行到下钝边时要短而紧一些，这样熔化金属往上吹，背面成形饱满而不咬边，焊道不会下坠。停弧时，利用回焊法停下来，打底焊的接头，在停弧熔池后 20mm 左右引弧，然后移至熔池接头，接头后稍停，焊条往里压，使电弧达到根部，接头熔池温度正常，继续前行焊接。

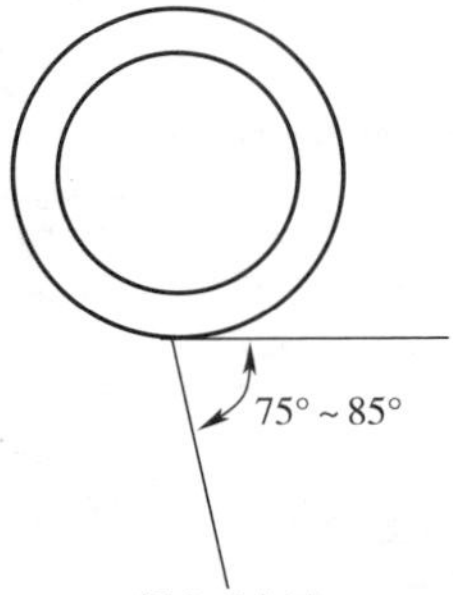

焊条前倾角

焊条下倾角

图 6.114　焊条角度

断弧法打底焊是指管对接垂直固定电弧间断进行焊接，焊接的起点，在两个定位焊点之间进行，引弧后电弧达到根部，先后熔化上、下钝边并击穿，形成熔池和熔孔，停顿一下，即可灭弧。前三次焊条熔化的时间是正常焊接时的 1 ~ 2 倍，每次待熔池金属凝固、熔池颜色变暗时再起弧，由偏左上至右下熔化钝边根部并击穿，当运弧到下方时需要停顿（若间隙小于焊条直径时焊条放在间隙正中间不摆动），见图 6.115，防止下方出现夹沟和未熔合问题，形成新的熔孔和熔池即灭弧，以此法反复进行。

断弧打底时，一定要做到引弧准确，断弧果断，干净利索，决不能拖泥带水，同时要注意焊条角度，电弧达到根部的深度和电弧长度的变化，这对焊缝背面成形很重要。

焊条左右角度即焊条的下倾角为 70° ~ 85°，前进角度为 65° ~ 80°，焊条前倾角随管子曲度的变化而变化。每一道焊缝焊条的下倾角一般不变化，但每道焊缝的下倾角略有不同。

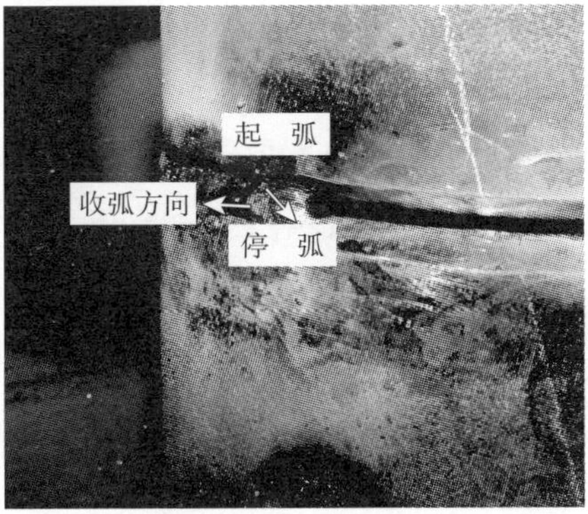

图 6.115 运弧方法

焊接时电弧要短，要有往下往里压的感觉。熔池 1/3 在背面形成，正面熔池搭接 2/3，加强焊缝背面的熔合成形。需要更换焊条停弧时，焊条应稍向前移，立即灭弧或者在熔池的斜上方再给少量的铁水，这样一般不会出现缩孔。接头时在熔池后 20mm 左右引弧，然后前移至熔池，接头要慢，以提高熔池温度。当熔池温度和形状正常时，按断弧焊方法继续前进焊接。

为确保接头质量，收弧或接头部位应修磨成斜坡状，如图 6.116 所示。

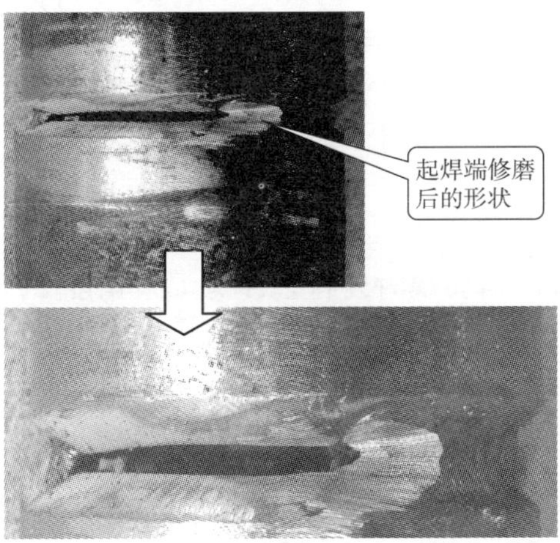

图 6.116 收弧或接头部位应修磨成斜坡状

（2）填充焊。焊前要清理好打底焊的熔渣、飞溅和夹角，凸起部分铲掉修平整，调试好焊接规范参数。

焊接时在距离起焊部分 10mm 左右运弧以慢焊速、小斜锯齿形摆动，摆动宽度比正常焊接时摆动的范围宽 2 ～ 4mm。

焊接时努力保持焊条下倾角、前倾角前后保持一致，焊条要随着管子的曲度而变化。

停弧时以增速熔池衰减的方法熄弧为好，或用断弧焊的方法填满弧坑。接头在熔池前 20 ～ 30mm 处引弧，然后回焊至熔池接头再进行焊接。

填充焊、盖面焊均采用连弧焊，层间不宜太厚，以熔合无缺陷为好，注意不得击穿根层。填充层的焊道厚度要低于坡口表面 1 ～ 1.5mm，焊接时用 ϕ3.2mm 或 ϕ4.0mm 焊条从坡口下侧开始排列焊接，不得破坏坡口边缘，这是盖面焊的基准线，焊接层次排列和焊条角度见图 6.117。接头和收弧方法可参考板对接横焊缝的方法。

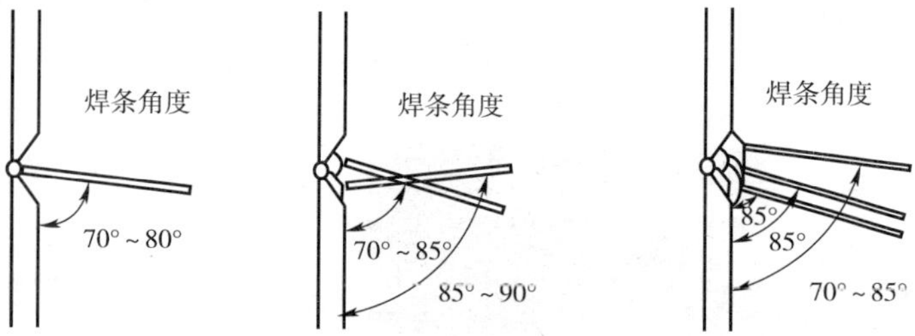

图 6.117　焊接层次排列和焊条角度

（3）盖面焊。盖面焊时要特别注意焊条角度、焊接速度及运弧方法来控制熔池形状和焊缝成形，防止出现上部咬边，下部焊缝下坠，中间衔接不平的问题。

第一道焊接，首先调试好规范参数。焊条的下倾角为 85° 左右，前倾角度为 85° ～ 90°，坡口的下边缘熔合 0.5 ～ 1mm，第二道焊接，焊条与工件的下倾角为 85° 左右，最上面一道的焊条与焊件下侧夹角为 70°～80°。后一道焊缝压前一道焊缝的 1/2 或 1/3，最后一道的焊接，上坡口边缘熔化 1mm 左右，这样使整个焊缝的成形基本圆滑平整过渡。在工作中要根据坡口的宽度决定焊接的层数和道数。

焊后将母材表面附着的飞溅、焊渣等清除干净。

焊缝外观成形见图 6.118。

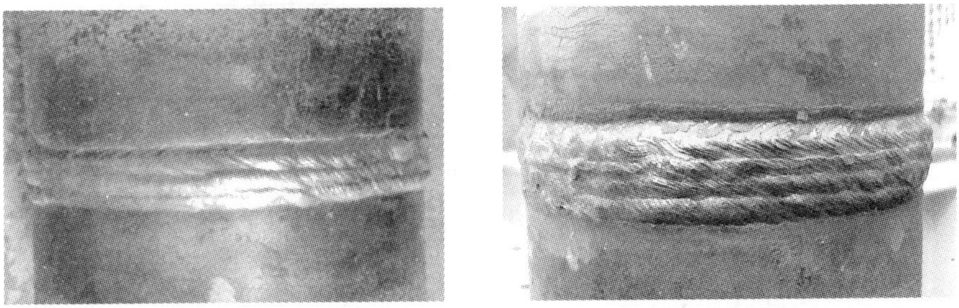

(a) 焊缝外观成形1　　(b) 焊缝外观成形2

图 6.118　焊缝外观成形

6.4.2　管对接水平固定焊操作技巧

焊接特点：管对接水平固定焊是三种焊位转换焊接，焊接熔池在各种位置转换变化过程中形成，基本是全位置焊接，所以操作难度要比单纯的三种焊接位置的操作难度大，要使焊缝成形基本一致就更加困难。在焊接位置转换过程中，熔池形状控制不一致就会使得焊缝成形宽窄不一致或高低差大，焊道易产生焊缝中间高，两侧有轻度咬边。因此，焊接时要随焊缝位置变化调整焊条角度、运弧方法，提高熔池两侧温度，控制熔池形状的一致性。

1. 焊前准备

1）焊　件

试件尺寸：133mm × 8mm × 200 mm，见图 6.119。

试件材料：20 号钢。

坡口形式：V 形，坡口角度为 60°。

对口间隙：3 ~ 4mm。

钝边厚度：1 ~ 1.5mm。

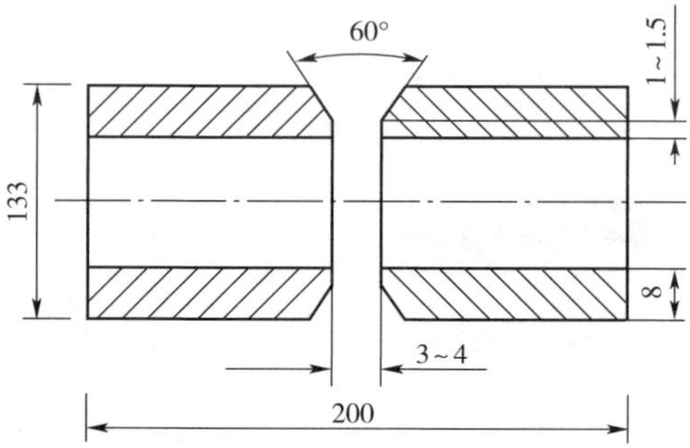

图 6.119　管对接水平固定焊试件尺寸示意图

2）焊接材料

焊条型号：E5015。

焊条直径：ϕ2.5mm、ϕ3.2mm。焊条经 350 ~ 380℃烘干，恒温 1 ~ 2h，降至 120 ~ 150℃装入保温箱中待用。

3）焊接电源及极性

焊接电源采用 ZX7-400 逆变弧焊机，直流反接。

4）试件清理

试件装配前，用角向磨光机、锉刀、砂布和钢丝刷等清理坡口及正反两面 20mm 范围内的油污、水分、氧化物、毛刺和铁锈等，直至露出金属光泽。

5）试件装配与定位焊

将清理好的试件，对齐找正、留好间隙，用与正式焊接相同的工艺和焊接材料在试件两端的坡口内进行定位焊，焊缝长度为 15mm 左右，两端处理成斜坡并有适当的反变形。如图 6.120 所示，反变形的角度为 2° ~ 3°。组装后经检查合格后，按焊位和合适的高度固定在操作架上待焊，要注意仰焊位不得有定位焊点。

图 6.120 焊接反变形的角度

2. 工艺参数

焊接工艺规范参数见表 6.10。

表 6.10 焊接工艺规范参数

	焊接方法	焊条直径 /mm	焊接电流 /A	电源极性
装配定位焊	Ds	ϕ2.5	80 ~ 110	直流反接
根层打底焊	Ds	ϕ2.5	70 ~ 100	直流反接
中间填充焊	Ds	ϕ3.2	100 ~ 120	直流反接
盖面层施焊	Ds	ϕ3.2	100 ~ 120	直流反接

3. 焊接操作工艺方法

管水平固定焊是几个位置转换过渡进行焊接的，由两个半圈组成，从底部 6 点钟位置起焊（图 6.121），经仰焊、立焊、平焊位置，完成一个半圈的焊接，另一个半圈也是如此焊接。管对接水平固定焊有一定操作难度，易产生焊接缺陷。

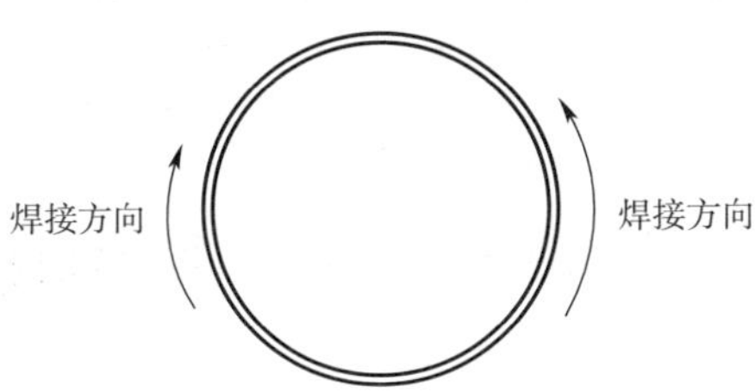

图 6.121 焊接方向

1）操作姿势

管对接水平固定焊，操作姿势见图 6.122。

一般焊工面对焊缝正把操作焊接。焊工斜对焊缝一般是 30°～40° 正把焊接。

正把操作焊接

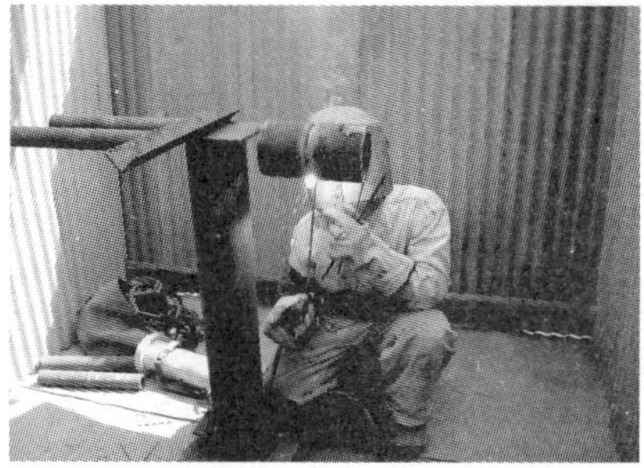

反把操作焊接

图 6.122　操作姿势示意图

管对接水平固定焊接，焊接管道下半部分操作姿势为蹲姿，焊接上半部分为站姿。拿焊把的手臂在两腿之间、胸前操作焊接，即焊接时，焊工与试件要有适当的距离和角度，协调稳固的身体，大臂带动小臂，以肩肘为支点，通过手腕的灵活动作控制焊把运弧焊接，焊接时动作要稳、准。

管对接水平固定焊，焊前检查装配点固焊、清理焊件符合要求后，按需要的高度固定在操作架上，焊工要有适当的操作空间，去除周围的一些障碍物，确保焊接操作不受影响。焊接前调试好焊接规范参数，在焊接过程中根据情况再及时调整。

焊接过程中，当人长时间焊接累了时，可以坐着或扶靠焊接，以保证焊条的稳定性（图 6.123）。

2）焊接操作方法

管对接水平固定焊，仰焊位不得有定位焊点，仰焊位是两个半圈的起焊点，焊接时仰焊位的焊条左右角度为 90°，后倾角度为 75°～85°，如图 6.124 所示。

图 6.123 扶靠焊接

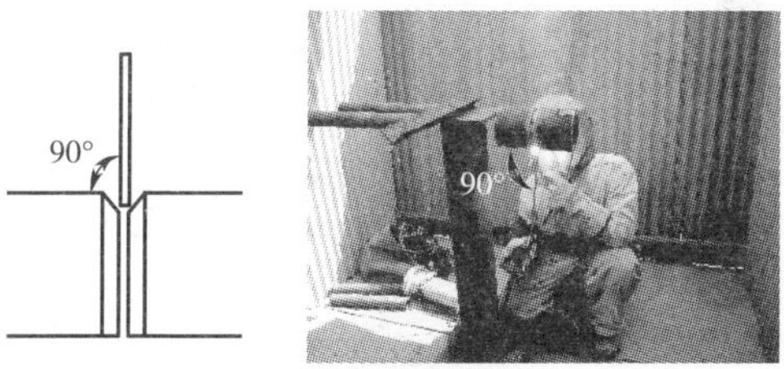

(a) 焊条左右倾角

(b) 焊条后倾角

图 6.124 焊条角度

随着焊位的变化，焊条的前进角度也随之变化，如图 6.125 所示。参考板材对接仰焊、立焊和平焊的焊条前进角度。注意：焊条的左右倾角的角度不应变化。

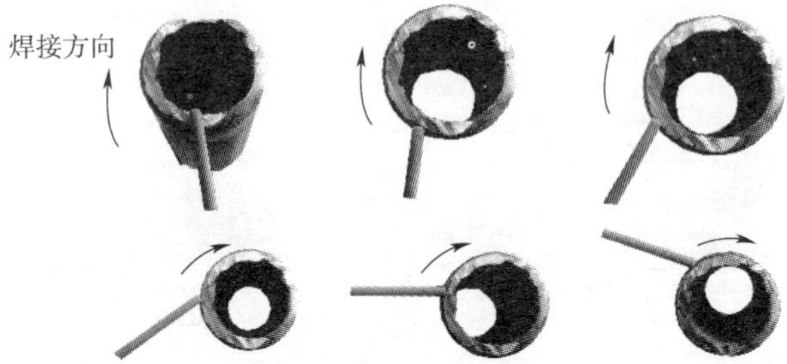

(a) 小径管焊条角度

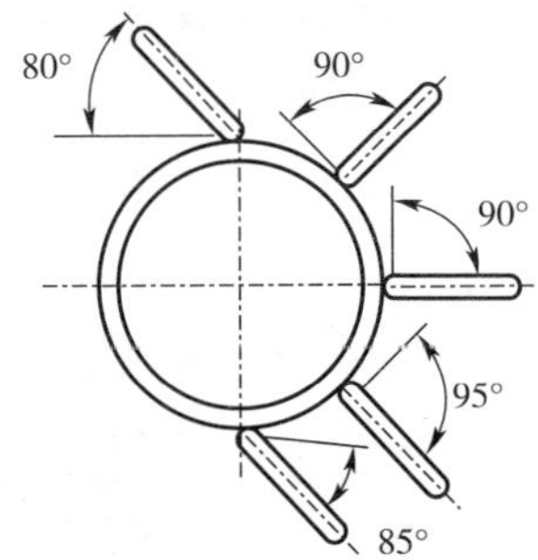

(b) 大径管焊条角度

图 6.125 焊条的前进角度

（1）打底焊。打底焊采用断弧法焊接，操作方法与前面介绍的平焊、立焊、仰焊的断弧焊的打底方法相同，不同的是焊条角度要随着管子的曲度不断变化。

打底焊时，要特别注意焊条转换角度时两侧熔合和背面成形情况，正面成形要平整，两侧不得有夹角等缺陷。

焊接时，要保证每侧钝边处熔化 0.5 ~ 1mm，仰焊部位熔化时间较长、熔孔稍大，平焊部位熔化时间稍短、熔孔稍小，减少仰焊部位出现内凹、平焊部位出现超高或焊瘤等情况。

焊缝尺寸最低要求：管直径 $D \geqslant$ 108mm 时，根部突出 $\leqslant$ 3mm，管直径 $D <$ 108mm 时，根部突出为管内径的 85%，内凹 $\leqslant$ 2.5mm。打底焊的熔孔示意图见图 6.126。

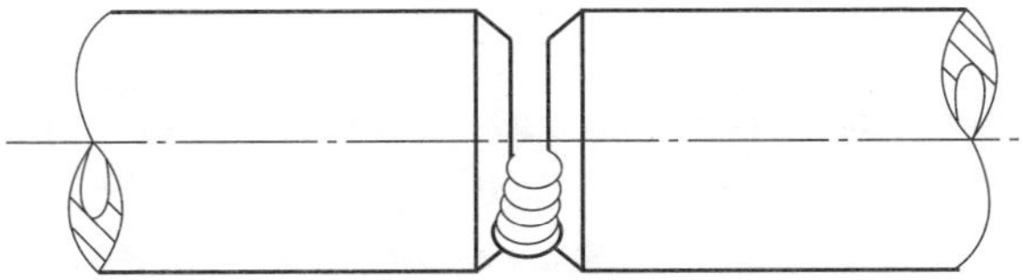

图 6.126 打底焊熔孔示意图

（2）填充焊。焊前清理好打底焊的熔渣、飞溅和夹角，凸起部分铲掉、修平整，调试好焊接规范参数。焊接时运弧以反月牙形和正锯齿形为主，关键是在各部位的运弧速度和电弧长度，运弧至两侧时要停顿 1s 左右，提高两侧温度并过渡铁水，防止咬边情况出现。运弧到中间要快，防止中间温度过高焊缝凸起，要特别注意电弧运至中间的弧长，宁短勿长，焊条端部的药皮距离熔池表面 1 ～ 2mm。焊接过程中，要防止出现焊道中间高，两侧出现夹角的情况。

控制填充焊道高度，低于坡口平面 1 ～ 1.5mm。每一层填充层厚度一般为 3 ～ 4mm。

焊条角度与打底焊的焊条角度基本相同。焊接方法有连弧焊和断弧焊。一般焊接小径管时，如果坡口较窄，焊条摆动受限制，焊缝容易出现焊瘤、未熔合等问题，这时可以选择断弧焊填充。当焊接大径管时，一般选择连弧焊，但要注意无论断弧焊或连弧焊都不能击穿打底焊部分。

焊接大径管时，如果填充焊缝宽度超过 20mm，应该分道焊接，见图 6.127。

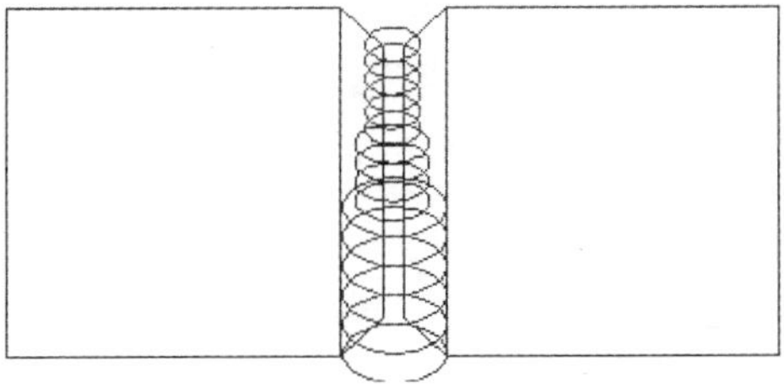

图 6.127 中小径管分层单道焊示意图

中小径管填充层效果如图 6.128 所示。

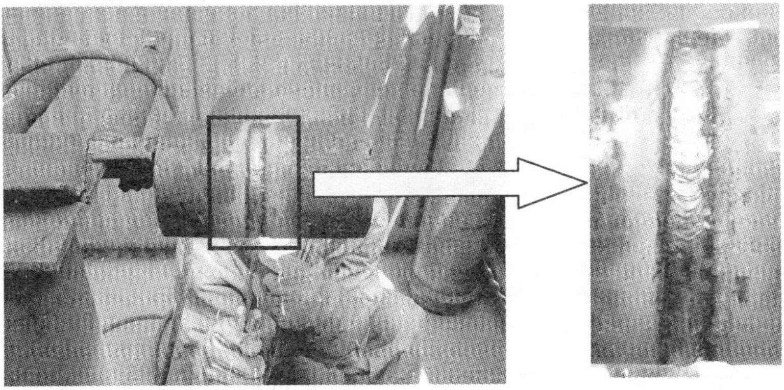

图 6.128　中小径管填充层效果图

大径管分道填充效果如图 6.129 所示。

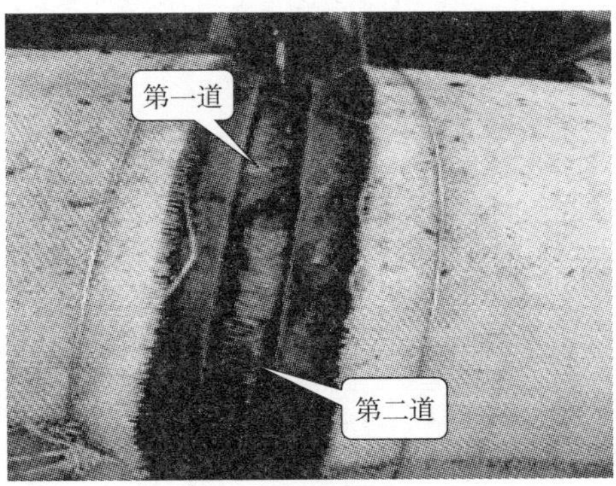

图 6.129　大径管分道填充图

管对接水平固定焊，填充或盖面焊接，一般起焊点和终焊点应超过中线，见图 6.130。两端处理成斜坡便于接头。

（3）盖面焊。盖面焊接前要清理好前层焊道的熔渣、飞溅和夹角，凸起部分铲掉、修平整，调试好焊接规范参数，运弧方法一般为月牙形，熔池形状为椭圆形，但幅度要大些。盖面焊接时，注意运弧的方法，防止产生咬边、焊瘤等。

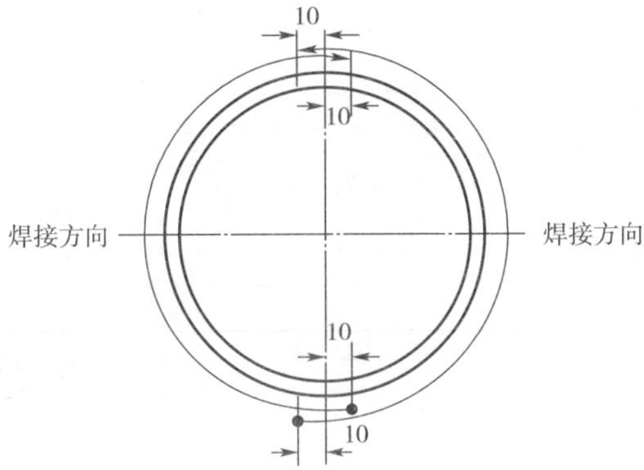

图 6.130 水平固定焊起点和终点超过中心线 10mm

焊接过程中停弧，用增速熔池衰减法或用断弧焊法停在焊道中间熔池前方，引弧接头均在熔池前 20 ~ 30mm 引弧，回焊至熔池接头继续前进焊接，收弧时用增速熔池缩小即衰减法收弧或用断弧焊法填满弧坑形成斜坡停弧。

焊缝尺寸最低要求：余高≤ 4mm，焊缝的余高差≤ 3 mm，焊缝宽度比坡口增宽≤ 5 mm，咬边深度≤ 0.5 mm，同时要小于等于焊缝全长的 20%。

中小径管盖面层单道焊效果如图 6.131 所示。大径管盖面层分道焊效果如图 6.132 所示。

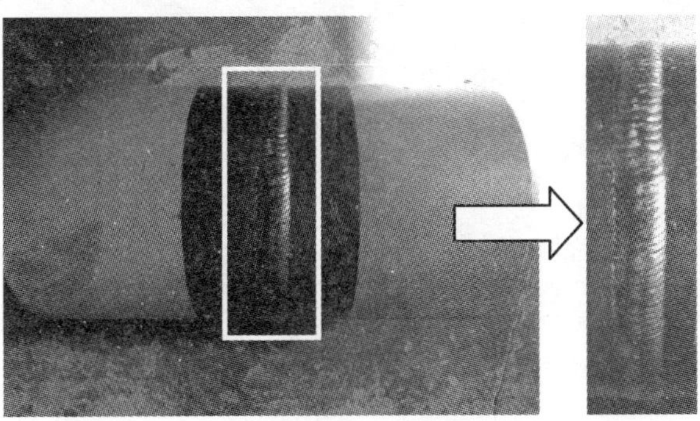

图 6.131 中小径管盖面层单道焊效果图

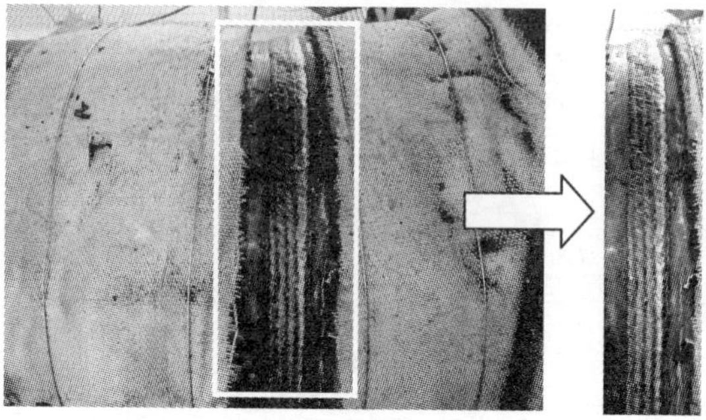

图 6.132　大径管盖面层分道焊效果图

6.4.3　管对接 45° 固定焊操作技巧

焊接特点：管对接 45° 固定焊因焊缝倾斜 45°，焊接熔池也是斜 45°。因此，焊接操作难度大于管水平固定焊。在焊缝成形方面，上面铁水薄，下面铁水厚，焊缝的宽窄、高低、成形不一致，容易产生咬边缺陷。焊接时，要随焊位的变化及时调整焊条角度、运弧方法、运弧速度和电弧长度，控制熔池温度，使焊缝形状保持一致性。

管对接 45° 固定焊是倾斜固定焊接，如图 6.133 所示。

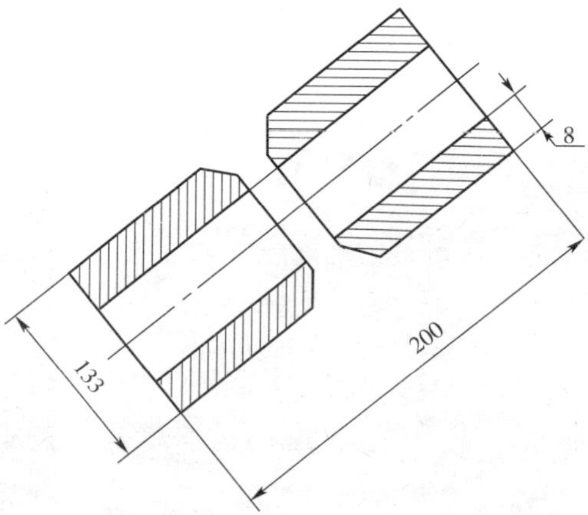

图 6.133　管 45° 固定焊及焊件尺寸

1. 焊前准备

1）焊　件

试件尺寸：133 mm × 8 mm × 200mm。

试件材料：20 号钢。

坡口形式：V 形，60° 角。

钝边厚度：1 ~ 1.5mm。

装配间隙：上端 3.0 ~ 3.5mm，下端 3.0 ~ 4.0mm。

2）焊接材料

焊条型号：E5015。

焊条直径：ϕ2.5mm、ϕ3.2mm。

3）焊接电源

焊接电源采用 ZX7-400 逆变弧焊机，直流反接。

4）试件清理

试件装配前，用角向磨光机、锉刀、砂布和钢丝刷等清理坡口及周围的正反两面 20mm 范围内的油污、水分、氧化物、毛刺和铁锈等，直至露出金属光泽。

5）试件装配与定位焊

将清理好的试件，对齐找正、留好间隙，管内壁齐平，防止错边，用与正式焊接相同的方法、工艺、焊接材料，在试件两端的坡口内进行定位焊，焊缝长度为 10 ~ 15mm，两端处理成斜坡并有适当的反变形。组装后经检查合格，按焊位和适当的高度固定在操作架上待焊。

焊缝的固定点为两点，分别在时钟的 2：00 ~ 2：30 和时钟的 9：30 ~ 10：00，如图 6.134 所示。

焊工要有适当的操作空间。若条件允许，可以去除障碍物。焊前调试好焊接电流。

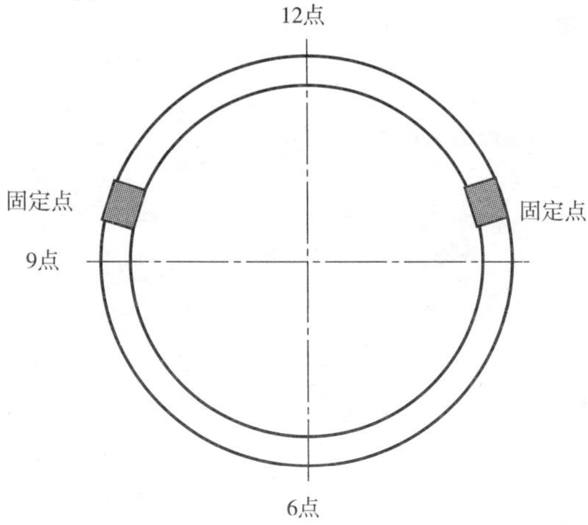

图 6.134　焊缝固定点的位置

仰焊位不得有定位焊缝，管对接 45° 固定焊焊接顺序类似水平固定焊接，分别由两个半圈由下往上焊接，即由 6 点时钟位置起点经过 9 点至 12 点终点收弧（熄弧），完成一个半圈层次的焊接。两个半圈焊法相同，焊条角度的起焊点、终焊点，如图 6.135 所示。

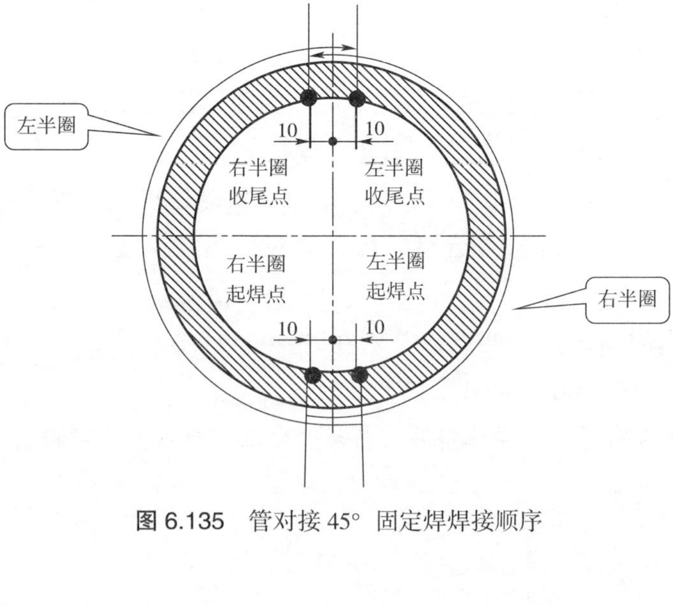

图 6.135　管对接 45° 固定焊焊接顺序

2. 工艺参数

管对接 45° 固定焊的工艺参数见表 6.11，以供读者参考。

表 6.11 焊接工艺规范参数

	焊接方法	焊条直径 /mm	焊接电流 /A	电源极性
装配定位焊	Ds	ϕ2.5	80 ~ 110	直流反接
根层打底焊	Ds	ϕ2.5	70 ~ 110	直流反接
中间填充焊	Ds	ϕ3.2	90 ~ 130	直流反接
盖面层施焊	Ds	ϕ3.2	90 ~ 130	直流反接

3. 技术要求及操作要领

1）操作姿势

管对接 45° 固定焊，操作姿势与管水平固定焊接相似，两脚与肩同宽，拿焊把的手臂在两腿之间前方进行操作。焊接时，操作姿势要正确，焊工与试件要有适当的距离和角度，大臂带动小臂，以肩肘为支点，手腕的动作要灵活，注意控制焊把的行进方向，操作焊接时动作要稳、准。管对接 45° 固定焊的位置如图 6.136 所示。

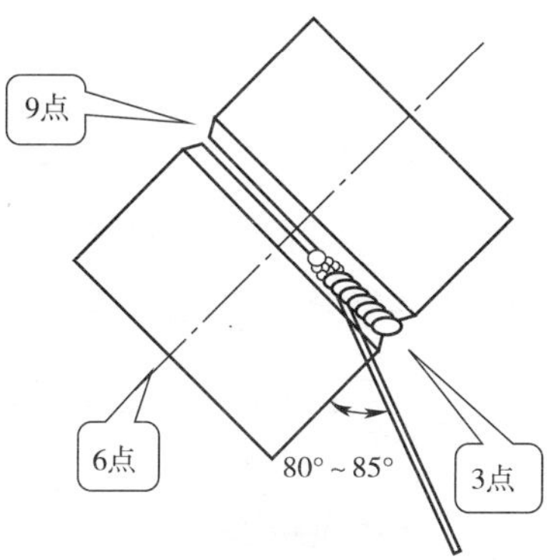

图 6.136 管对接 45° 固定焊示意图

管对接 45° 固定焊的操作姿势，如图 6.137 所示。

仰焊部位焊接姿势示意图

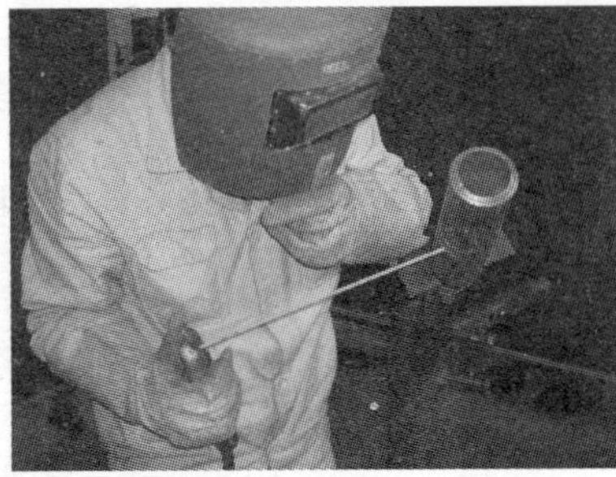

立焊部位焊接姿势示意图

平焊位置操作姿势示意图

图 6.137　管对接 45° 固定焊接的操作姿势

2）焊接操作方法

管对接 45° 固定焊接介于垂直固定和水平固定两者之间，兼有两个位置的技术难度，又加上焊缝倾斜，还要求焊缝的成形圆滑、平整过渡，因而操作上就有所不同。管对接 45° 固定焊接时容易出现的问题是：焊缝成形不够整齐，焊道容易偏向一侧，以及出现咬边等缺陷。

（1）打底焊。管对接 45° 固定焊的打底焊，一般采用断弧焊接。应控制好燃弧、断弧时间及焊接速度的配合。

在 6 点钟位置仰位引燃电弧后，焊条移至超过中心线 10 ～ 15mm，见图 6.138。由上坡口向下坡口移动，运弧至另一侧稍慢，两钝边熔合在一起，形成熔池和熔孔，即灭弧。如此反复进行焊接。

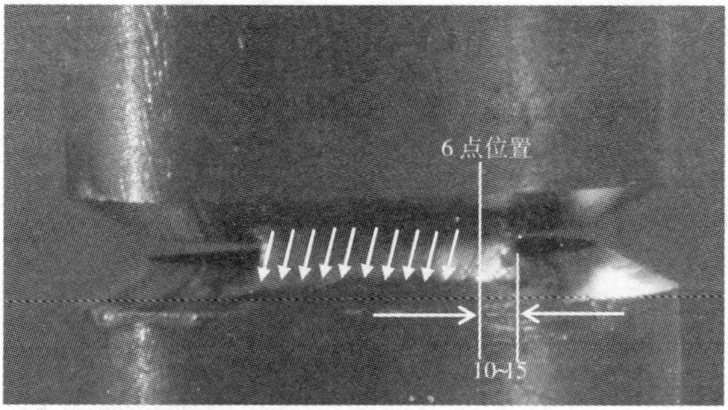

图 6.138 起头位置及运弧方法

管对接 45° 固定焊运弧采用斜直线，就是从左上坡口引燃电弧，向右下坡口直线移动，斜度一般为 45° 左右，形状如“↘↘↘”。打底焊电弧应伸入到钝边根部，操作要灵活，同时要注意运弧，两边稍作停留，保证焊缝熔合好。

焊接时，焊条端部与熔池距离 1 ~ 2mm，距离太远容易产生气孔，距离太近熔池和焊条容易发生粘连。

焊条的后倾角为 70° ~ 80°，下倾角为 80° ~ 85°（图 6.139），运弧过程中，焊条角度要随管子的曲度（弧度）不断变化，确保焊条角度的一致性，可以有效防止产生气孔或因角度不同而发生的打底焊根部宽窄、高低不一致的现象。

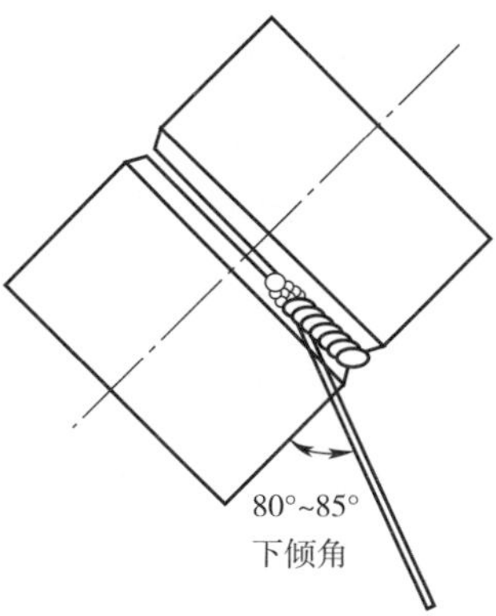

图 6.139 打底焊焊条角度示意图

打底焊时，熔池的衔接一般为后一熔池压前一熔池的 2/3，另 1/3 用来熔化钝边向间隙处过渡铁水。

焊接接头过多，不仅会影响焊缝的美观，而且出现缺陷的概率也会上升。为了减少焊接接头，焊接前一定找好位置，不合适应多试验几次，找到一个最佳位置，要求最好能一根焊条焊完，以减少焊接接头。

每个焊接接头前，当条件允许时，应将前一个收弧或起头部位用锯条、角向砂轮机处理成斜坡，以方便接头，确保焊接接头宽窄、高低一致，减少未熔、接头不良等焊接缺陷。

（2）填充焊。焊前清理好打底焊的熔渣、飞溅和夹角，凸起部分铲掉修平，见图 6.140。焊前调试好焊接工艺参数。

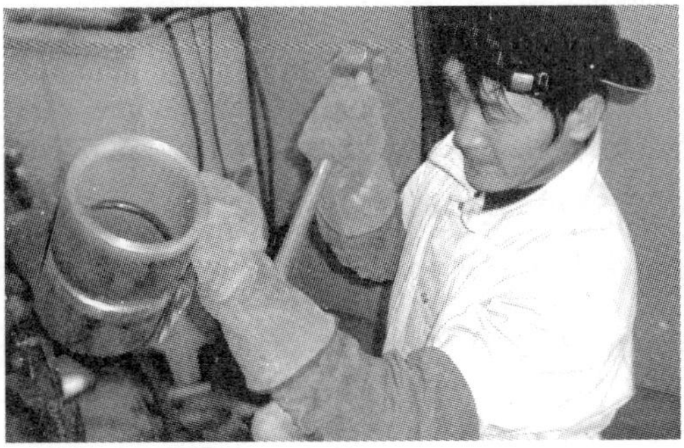

图 6.140　清理熔渣、飞溅等

运弧的焊接方法有断弧焊和连弧焊两种。断弧焊采用斜直线运弧法，这种方法应用较多，形状如“↘↘↘”。连弧焊一般采用斜锯齿形、反月牙形或 8 字形，稍带一定斜度，基本为水平方向运弧。各层熔池形状及焊缝成形如图 6.141 所示。

填充焊运弧的幅度要大些，填充层预留 1 ~ 2mm 深度，但不能破坏坡口边缘，运弧时要运用两慢一快的方法，即两边慢、中间快，提高两侧温度，防止咬边等缺陷，也能防止中间温度过高而引起焊缝中间凸起，确保焊道平整，没有夹角。

焊接过程中停弧，采用增速熔池衰减法或断弧法焊接填满弧坑停弧，一定要避免产生缩孔。接头是在熔池前 20 ～ 30mm 引弧，然后回焊至熔池处接头，等熔池形状和温度正常，继续前进焊接。

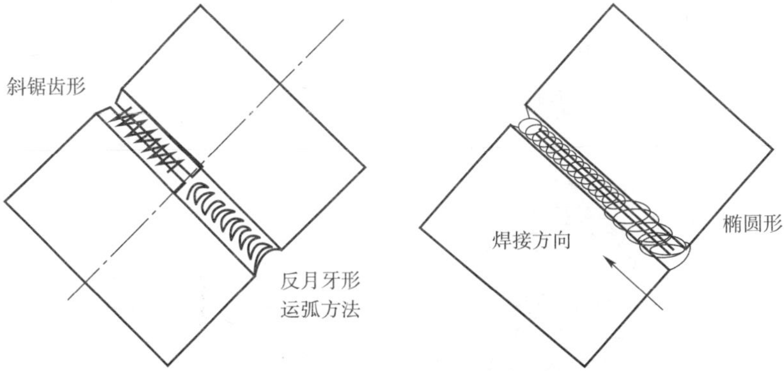

图 6.141　各层熔池形状及焊接方向

（3）盖面焊。焊接前将焊缝的熔渣、飞溅和夹角，凸起部分铲掉、修平整（图 6.142），焊前调试好焊接工艺参数。

运弧、停弧、接头、收弧的方法与填充焊的操作方法相同，每个半圈的起焊点和终焊点都应超过中心线，做到交叉接头，使整条焊道平整、圆滑过渡。

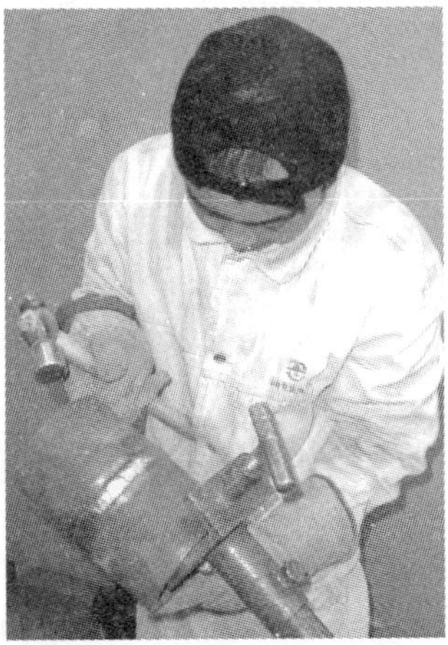

图 6.142　盖面前清理填充层

盖面焊接时，根据管径大小、管子壁厚、坡口宽度、管子长度、环境温度、焊接电流大小决定采用连弧焊或断弧焊。

连弧焊时，一般采用斜锯齿形、反月牙形或 8 字形，稍带一定斜度，基本为水平方向运弧。

断弧焊时，要采用斜直线形运弧法“↘↘↘”，见图 6.143。

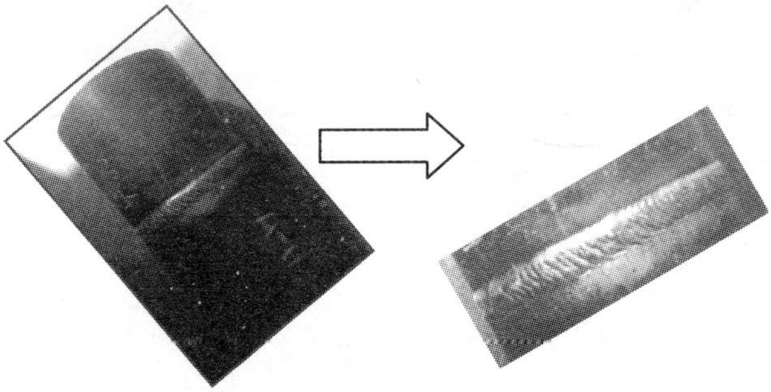

图 6.143　断弧焊采用斜直线形运弧法

无论哪种方法，都应注意两侧电弧要拉到位，焊接时坡口两侧各熔合 0.5 ~ 1mm。根据需要，电弧在两边要慢，提高两侧温度，控制熔池温度的平衡，防止出现咬边缺陷，中间要快且电弧要短，防止中间温度过高，运弧始终保持熔池宽度、形状的一致性，并保持熔池水平状态前进，才能确保焊道的平直、圆滑过渡。

在仰焊位 6 点起焊，先焊左半部分或者右半部分，这要根据个人的习惯来确定。仰焊起头、接头以图 6.144 为例，先焊左半部分，起头应焊成斜坡状，即从第一次焊条摆动宽度约为 1/3，第二次摆动宽度约为 2/3、第三次覆盖整个坡口，以后摆动宽度一致。右半部分起头前，先将左半部多余的有缺陷的部分清除掉，然后从左上方以斜直线形运弧，正常焊接。仰焊部位接头效果如图 6.145 所示。

平焊接头时，左半部收尾部分熔池为斜坡形，需要接头时，可以先清理接头部位多余的熔池部分，然后开始焊接，到了接头部分，熔池下半部分接住头，然后分 2 ~ 3 次逐步减小摆动宽度，直至连接完成。

注意接头部位不可超高或出现未填满现象。

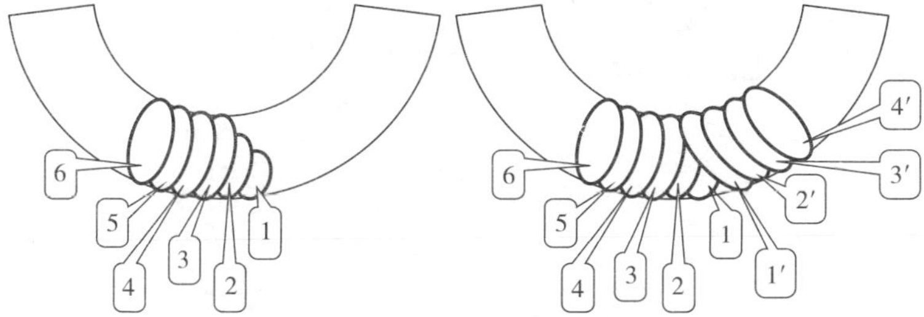

下半圈接头示意图

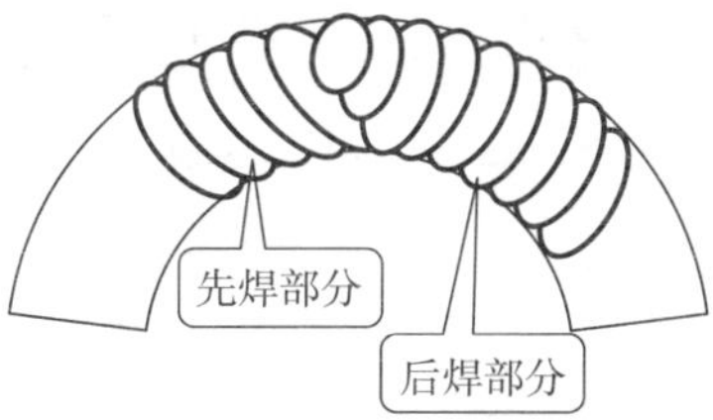

上半圈接头示意图

图 6.144 仰焊起头、接头焊接顺序

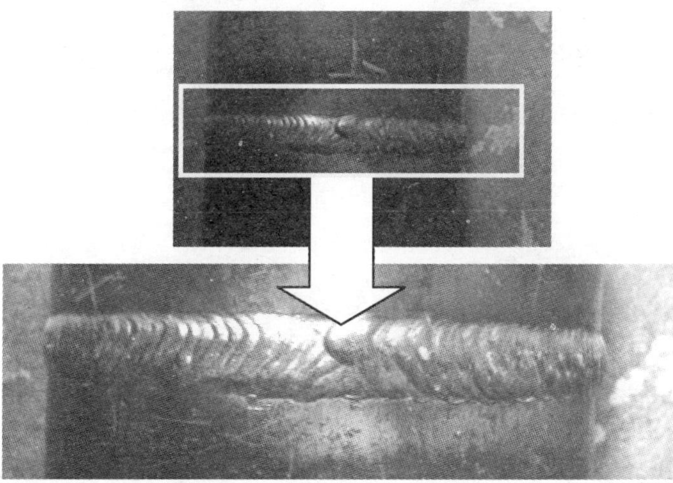

图 6.145 仰焊部位接头效果图

平焊接头效果如图 6.146 所示。

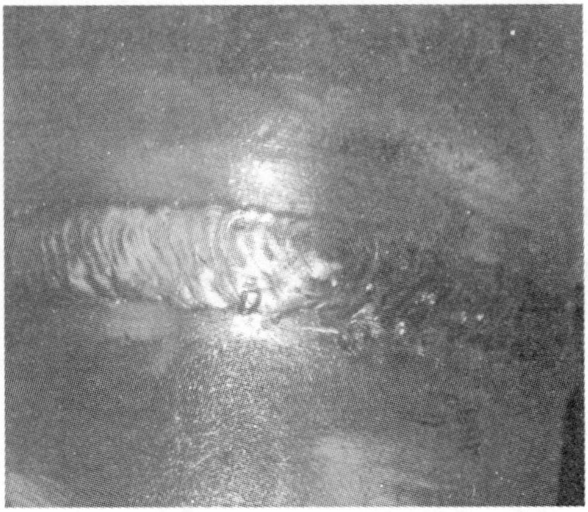

图 6.146　平焊接头效果

仰焊部位接头、平焊部位收尾，可以参照堵板的外观图来操作，见图 6.147。

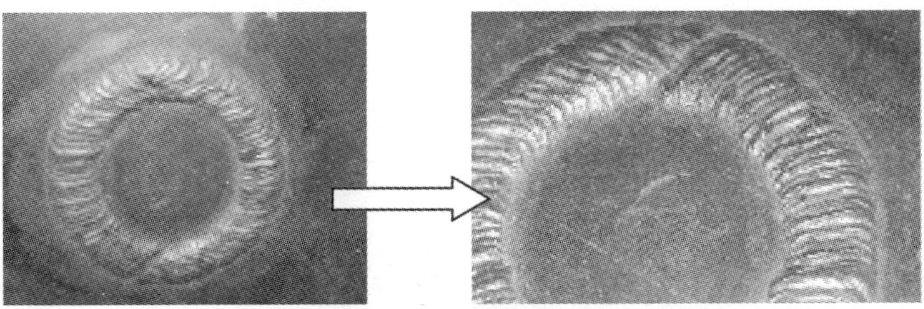

图 6.147　堵板外观效果图（仅供参考）

6.5　管板焊接实例

在锅炉行业、各种容器设备和管道工程中，管板焊接是常见的一种接头形式。管板的形式有两种：一种是插入式，另一种是骑座式。管板焊接虽然是角焊缝的一种，但因两侧的厚度不相同，因而不同于一般的角焊缝。两种不同形式的管板见图 6.148。

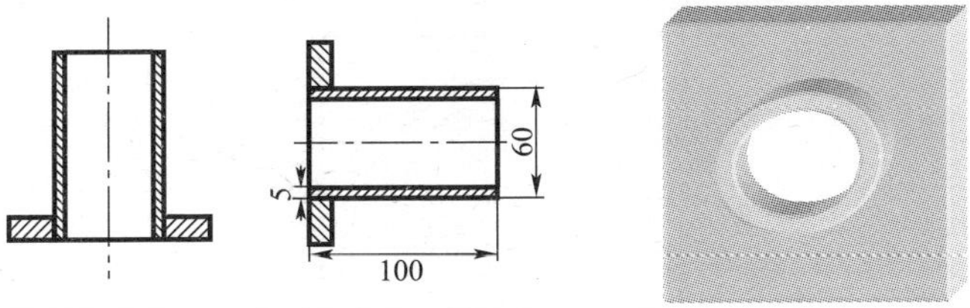

插入式

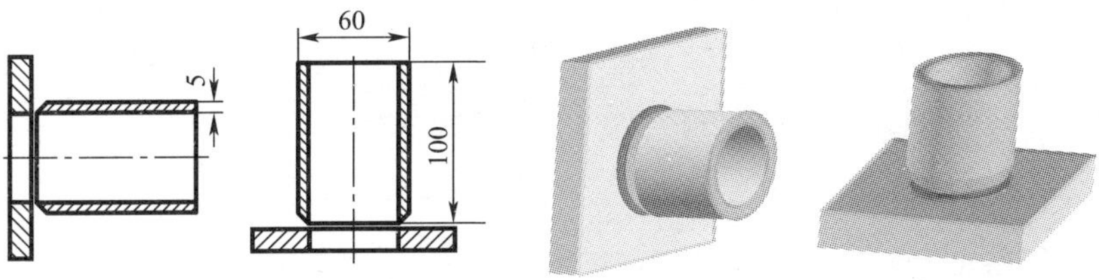

骑座式

图 6.148 管板焊接形式

管板焊接容易出现的问题有：焊缝中间高、两侧有夹角，因此，焊接时，要注意焊条角度和运弧方法，控制好熔池的温度及形状。

6.5.1 管板垂直固定焊操作技巧

焊接特点：管板垂直固定焊可分为插入式和骑座式两种。管板骑座式垂直固定焊的特点是焊缝两侧厚度差别大，需要的热量不一样，因此焊接时易产生焊缝中间高、上焊脚小、下焊脚大、焊缝成形不符合要求、咬边严重等现象。为此，焊接时要调整两侧焊条角度和电弧长度及焊接速度，以控制好所需要的熔池形状。

1. 焊前准备

1）焊　件

试件尺寸：管 60mm × 5mm × 100mm，板 100mm × 100mm × 12mm，见图 6.149。

试件材质：20g（20 号锅炉用钢）、20 号钢。

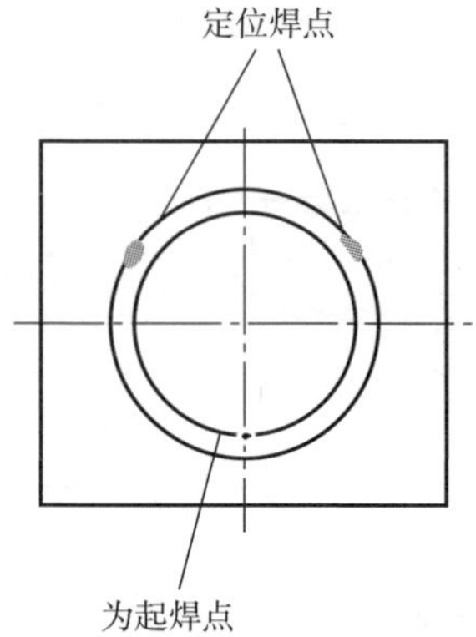

图 6.149　管板骑座式试件装配图

2）焊接材料

焊条型号：E5015。焊条直径：ϕ2.5mm、ϕ3.2mm。

焊条烘烤温度：焊条经 350 ～ 380℃烘干，恒温 1 ～ 2h，温度降至 120 ～ 150℃装入保温箱待用或焊条保温桶，随用随取。

3）焊接电源

选用 ZX7-400 逆变焊机或其他直流焊机。焊接电源采用直流反接。

4）试件清理

试件装配前，用角向磨光机、锉刀、砂布和钢丝刷等清理管、板坡口及其附近正反两面 20mm 范围内的油污、水分、氧化物、毛刺和铁锈等，直至露出金属光泽。

5）试件装配与定位焊

将清理好的试件，对齐找正、留好间隙，用与正式焊接相同的工艺和焊接材料在试件两端的坡口内进行定位焊。定位焊一般为两点，焊缝长度为 15mm 左右，焊缝不得有缺陷，定位焊缝两端处理成斜坡，便于打底焊时过渡和接头，管与板接近垂直，有适当的反变形，反变形的角度应为 1° ～ 2°，如图 6.150 所示。

组装后经检查合格，按焊位和适当的高度固定在操作架上待焊。

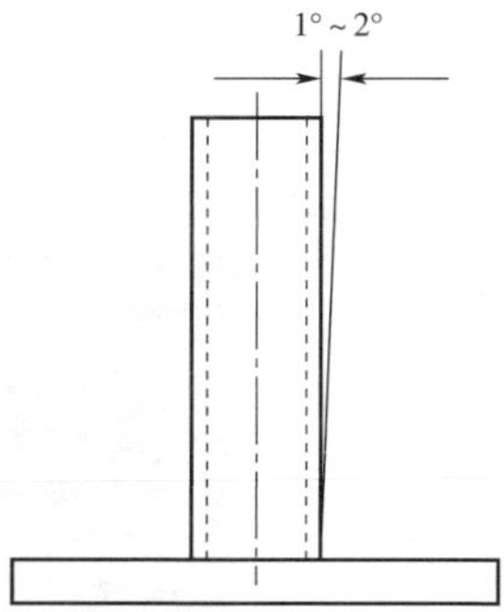

图 6.150 反变形角度

2. 工艺参数

焊接工艺规范参数见表 6.12。

表 6.12 焊接工艺规范参数参考值

	焊接方法	焊条直径 /mm	焊接电流 /A	电源极性
装配定位焊	Ds	$\phi 2.5$	100 ～ 110	直流反接
根层打底焊	Ds	$\phi 2.5$	95 ～ 110	直流反接
中间填充焊	Ds	$\phi 3.2$	120 ～ 130	直流反接
盖面层施焊	Ds	$\phi 3.2$	120 ～ 130	直流反接

3. 焊接操作工艺方法

1）打底焊

打底焊可采用断弧焊或连弧焊。因断弧焊较容易掌握，焊接质量高，所以一般采用断弧焊较多。当管板尺寸较小、焊接电流较大时，采用断弧焊。反之，采用连弧焊。

断弧焊的方法如下：

插入式管板打底焊可采用断弧焊，电弧引燃后，电弧加热采取先管后板（管不开坡口，可视为钝边较厚）的办法，使板与管连接起来。由于管与孔板的厚度不同，导致所需要的温度也不同。因为管不开坡口，所以焊条应对准管材，控制运弧方法与焊条角度。

垂直固定焊管子轴线垂直于地面，焊接时水平方向焊条必须沿着管子弧度变化，时刻保持不变，见图 6.151。

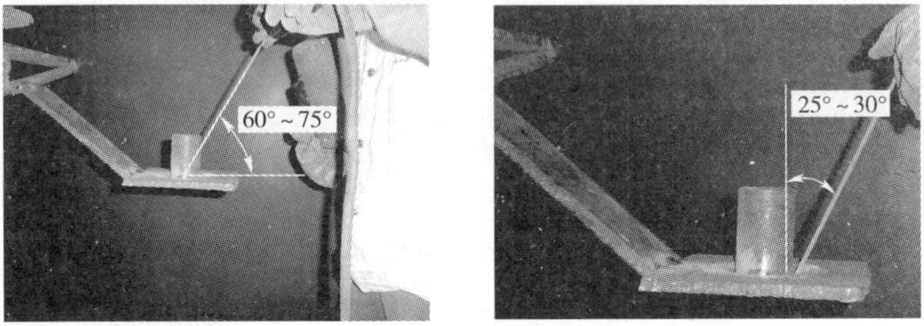

焊条前倾角度　　　　焊条与管子夹角

图 6.151　焊接时焊条角度

中间收弧时，向收弧的弧坑处再给一滴铁水，防止产生收弧缩孔和弧坑裂纹等缺陷。接头时在收弧的弧坑后方 10mm 地方引弧，焊条左右摆动运弧至接头部位，预热 2 ~ 3s 待形成清晰的熔池后开始焊接。

打底焊要求根部余高 0 ~ 3mm，焊波均匀，无未焊透、未熔合、表面气孔等缺陷。打底焊外观见图 6.152。

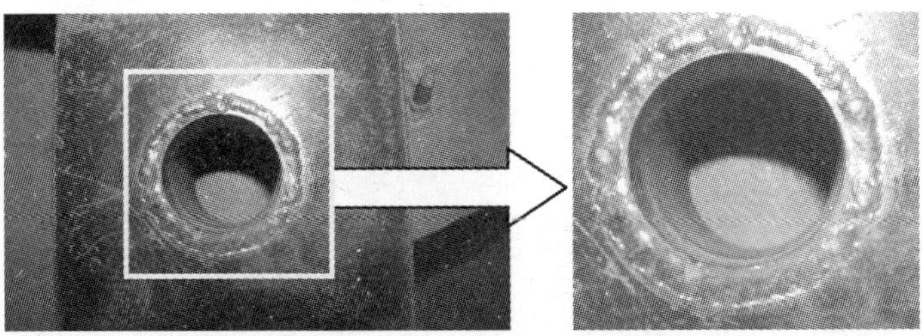

图 6.152　打底焊外观效果图

连弧焊的方法如下：

骑座式管板焊接时在两个定位焊点之间引弧焊接。电弧引燃后，电弧先加热板，后加热管（板不开坡口，可视为钝边较厚），使板与管连起来，然后采用斜锯齿形运弧。板一侧停留或熔化时间较长，管一侧熔化时间稍短，防止烧穿。由于管与孔板的厚度不同，导致所需要的温度也不相同，应控制运弧方法与焊条角度。焊条角度随着管子的弧度变化而变化。焊条的前倾角为 60° ~ 80°。各层道的焊条下倾角见图 6.153。

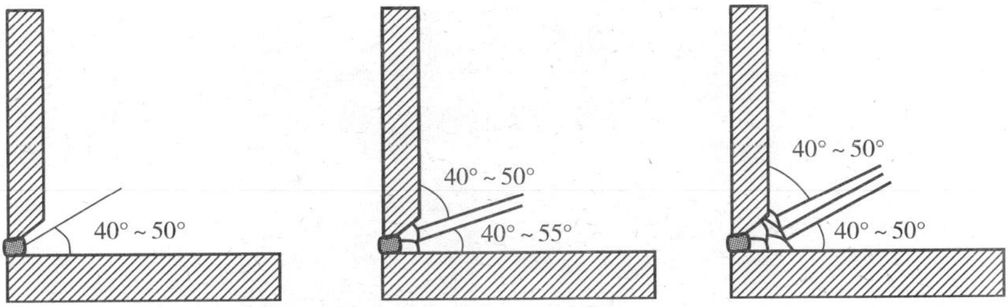

图 6.153　各层道的焊条下倾角示意图

运弧的速度要均匀，熔池大小要一致，焊接中间需要停弧时，应用增速（熔池衰减）法停在熔池前管板的一侧 15mm 左右。接头时，引弧应在停弧后 20mm 左右处引燃电弧前行至熔池处接头，随接头处的弧度向下压下去（电弧短），熔化金属可流向管壁根部，接头处速度稍慢，接住头后焊接正常进行，收尾接头时，速度要慢，焊条并向下压，使接头处焊缝根部熔合良好，尺寸符合要求。

2）填充焊

插入式管板焊接管子侧的焊脚高度要求为 δ ~ δ+3mm（δ 为管子壁厚）。因此，管板带坡口插入式焊接可以看作是平焊和平角焊的结合。

将孔板填充平之前，按照平焊的操作进行，两者的不同之处如下：

（1）焊接过程中，焊条随着管子弧度的变化，沿圆弧方向前进，但是，焊条与管子、焊条与孔板之间的角度保持不变。

（2）焊条与管子侧的角度为 25° ~ 30°，焊条与孔板的角度为 60° ~ 65°。

将孔板填充平后，按照平角焊的操作进行，两者的不同之处如下：

（1）平角焊要求两侧焊脚高相等，而管板的焊脚高度为 δ ~ δ+3mm。

（2）焊接过程中，焊条随着管子弧度的变化，沿圆弧方向前进，但是，焊条与管子、焊条与孔板之间的角度保持不变。

填充层接头时，在收弧弧坑前方 5 ~ 10mm 位置引弧，然后将焊条回拉至弧坑处接头，见图 6.154。

图 6.154　填充焊引弧位置

接头时，酸性焊条沿着弧坑边缘运弧一圈，缓慢摆动 2 ~ 3 次，待形成清晰熔池后，开始正常焊接。碱性焊条接头时，沿着弧坑边转半圈就可以了。插入式管板填充层效果如图 6.155 所示。

图 6.155　插入式管板填充层效果

3）盖面焊

盖面焊前，必须清理好打底焊所造成的熔渣、飞溅，并把凸起处铲掉修平整。

盖面层的焊道应根据坡口面的宽度来决定，此规格的试件盖面层的焊接分 3 道：

（1）第一道焊缝下边缘以熔化母材 1 ~ 2mm 为宜，焊条角度为 45°。

（2）第二道焊缝压住第一道焊缝的最高点，也就是后一道覆盖前焊缝的 1/3 或 1/2，焊条角度为 60°。

（3）第三道压住第二道焊缝的最高点，且保证管子侧不咬边，焊条角度为 30°。

盖面的焊道与填充层焊道的接头错开，且盖面层三个焊道之间的接头也应错开。

盖面焊最后一道焊接，必须使管壁不咬边，焊脚基本相同，焊缝中间平滑，且没有棱角。

焊接时手要稳，电弧不能太高，焊条端部距离熔池 2 ~ 3mm。

接头时在熔池前 20mm 左右处引燃电弧，然后回焊至熔池处接头，收弧时用断弧焊的方法填满弧坑。

焊缝外观成形见图 6.156。

图 6.156 管板固定盖面焊焊缝外观成形

6.5.2 管板水平固定焊操作技巧

焊接特点：管板水平固定焊，可以看作是不同厚度的角焊缝全位置焊接。由于管板两侧厚度和需要的温度有差别，焊缝易产生中间高、上焊脚小且易咬边、下焊脚大、焊缝有下坠等缺陷。焊接时要调整适当的焊条角度、控制两侧的停留时间，通过运弧方法和焊接速度控制熔池温度和熔池形状。

1. 焊前准备

1）焊　件

试件尺寸：管 60mm ×5mm×100mm，板 100mm×100mm×12mm，见图 6.157。

试件材质：20 号钢。

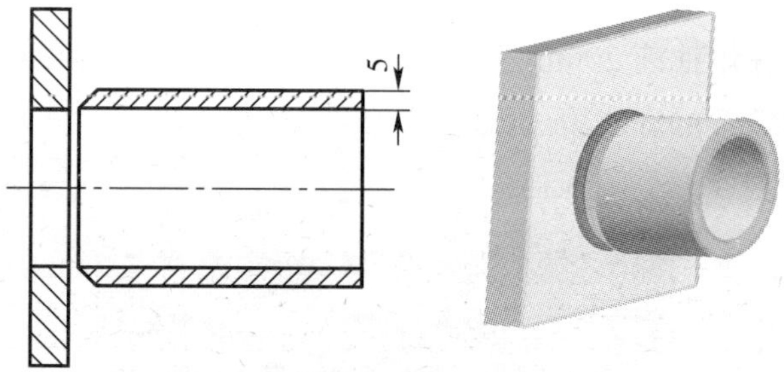

图 6.157　焊接试件

2）焊接材料

焊条型号：E5015。焊条直径：ϕ2.5mm、ϕ3.2mm。焊条经 350 ~ 380℃烘干，恒温 1 ~ 2h，温度降至 150℃装入保温箱或保温桶待用。

3）焊接电源

使用 ZX-400 逆变直流弧焊机或其他直流弧焊机，采用直流反接。

4）试件清理

试件装配前，用角向磨光机、锉刀、砂布和钢丝刷等清理坡口正反两面 20mm 范围内的油污、水分、氧化物、毛刺和铁锈等，直至露出金属光泽。

5）试件装配与定位焊

将清理好的试件，对齐找正、留好间隙，用与正式焊接相同的工艺和材料在试件两端的坡口内进行定位焊，焊点长度为15mm左右，两端处理成斜坡并有适当的反变形。组装后经检查合格后，按焊位和适当的高度固定在操作架上待焊。

2. 工艺参数

管板水平固定焊接工艺规范参数见表6.13。

表6.13　焊接工艺规范参数参考值

	焊接方法	焊条直径 /mm	焊接电流 /A	电源极性
装配定位焊	Ds	ϕ2.5	100 ~ 110	直流反接
根层打底焊	Ds	ϕ2.5	90 ~ 110	直流反接
盖面层施焊	Ds	ϕ3.2	115 ~ 135	直流反接

3. 焊接操作工艺方法

1）操作姿势

管板水平固定焊的操作姿势和管对接水平固定焊的操作姿势相似，使用蹲姿（或站姿）并斜30° 面对焊缝，身体偏斜（右侧）与试件的夹角大约是30° 。拿焊把的手臂在两腿中间、胸前操作焊接。焊接时，操作姿势应正确，要有协调稳固的身体，焊工与试件要有适当的距离和角度，大臂带动小臂，以肩肘为支点，以手腕的灵活动作，来操纵焊把进行运弧焊接。

2）焊接操作方法

管板水平固定焊，有仰角焊、立角焊、平角焊三种焊位转换焊接，这是管板较难的焊接位置，因管、板两侧的厚度不同，需要的热量也不同，焊条角度也不同；又要同时进行仰位经立位转平位的角焊接，焊条角度随焊位的转换也在变化。进行管板水平固定焊接时，分成两个半圈由仰位（6点钟位置）焊至平焊位置，上下各有一个接头（图6.158）。

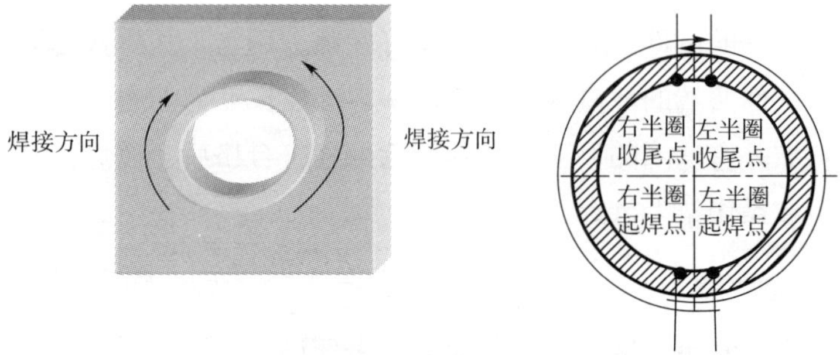

图 6.158　两半圈焊接与接头示意图

根据管坡口角度安排焊接层数，本规格采用打底一道，填充一道，盖面焊一道，即三层三道（图 6.159）。

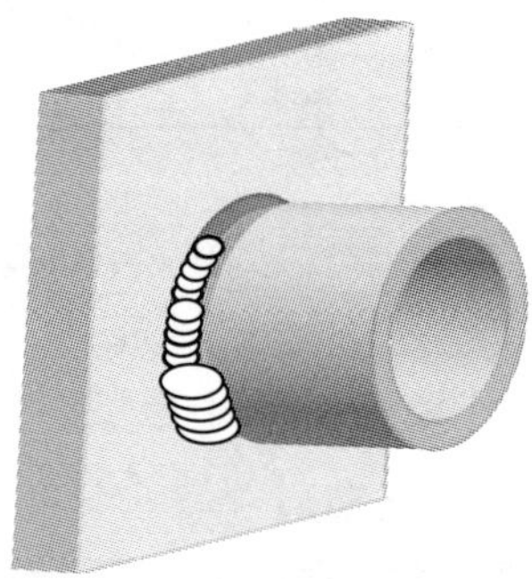

图 6.159　各层（三层三道）熔池形状与焊缝成形

（1）打底焊。打底焊接时，可采用连弧焊和断弧焊，采用断弧焊较多，现以断弧焊为例进行说明。

在仰位（6 点钟位置）引弧，引燃电弧后迅速移过中心线 10 ~ 15mm，当间隙为一个焊条直径时，焊条角度主要指向孔板和管壁，打开熔孔，到达管、板根部钝边处基本同时熔化并形成熔池即灭弧，待熔池金属凝固的同时，在熔池孔板一侧起弧，运弧至管壁（钝边）的一侧形成新的熔池和熔孔，反复这样操作，直到完成打底焊缝。

当根部间隙较大时，每次引弧要从上坡口引弧向下坡口焊接，打开熔孔形成熔池，然后断弧，要根据熔池的颜色再决定引弧的时机。一般电弧燃烧 1s 停弧 1s，如此反复直到完成较大间隙的打底焊部分。

更换焊条或者需要停弧时，应该把电弧引到熔池的左侧或右侧边缘，并给 1/2 滴铁水，这样可有效防止缩孔的产生。或者焊接过程中停弧用增速熔池衰减法停在孔板的一侧。

接头引弧，应在熔池后 10mm 左右引弧，移至熔池接头前进焊接，如图 6.160 所示。

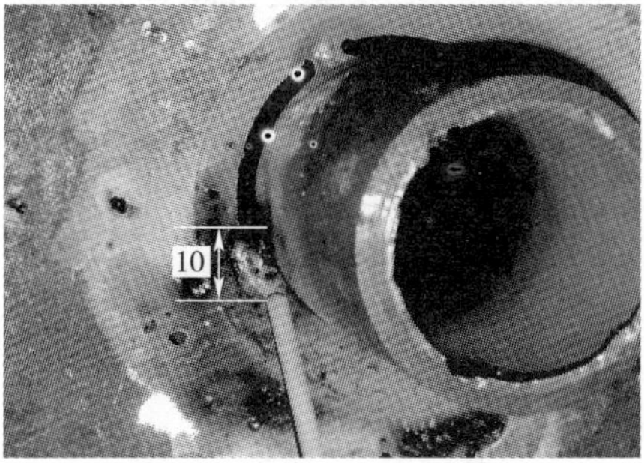

图 6.160　打底焊接头

焊接的始点和终点都应超过中心线 10mm 左右，先焊的半个环缝起头和收头应修成斜坡，后焊的半个环缝起头和收头时也应超过中心线 10mm 左右，这样的交叉接头可以避免产生缺陷，打底焊缝成形平整、圆滑、美观（图 6.161）。

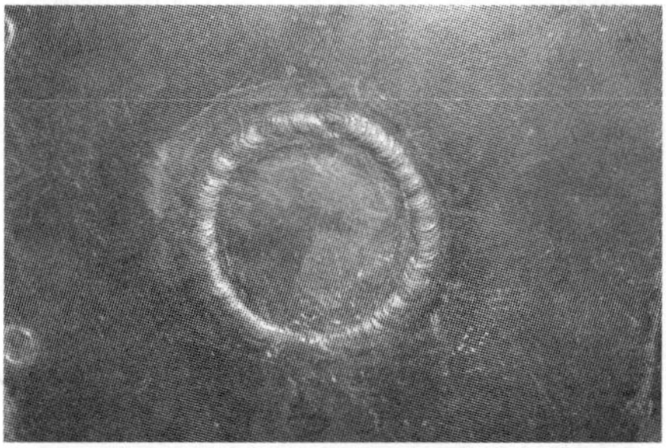

图 6.161　打底成形图

焊接时，要熟练掌握断弧焊操作要领，熄弧要果断，电弧要短，焊条端部距离熔池表面 3 ~ 5mm，否则容易产生气孔。燃弧时间和熄弧时间大约各为 1s，焊接中根据熔孔的大小，决定燃弧和停弧的时间。

打底焊的厚度主要是通过控制熔池的搭接量、焊接速度来实现。一般熔池的搭接量为上一熔池的 2/3 左右。

打底焊由两个半圈组成，由于管板处于水平固定位置，焊接时仰角部位接头和平角部位接头极易产生未熔或内凹现象，所以仰角焊（时钟 6 点位置）接头时，接头部位熔化时间稍长，前三次燃弧焊接是正常断弧焊燃弧时间的 2 倍。平角焊（时钟 12 点位置）接头时，预留 2 ～ 3mm 熔孔，然后焊条绕孔转 1 ～ 2 圈并下压，听见明显的穿透声音再断弧，不能立即停止焊接，要断弧或连弧前行 5 ～ 10mm。

（2）填充、盖面焊。填充和盖面焊接，焊前要彻底清理好，打底焊所产生的熔渣、飞溅和夹角处，凸起处要铲掉修平整。

填充、盖面焊分两半部分焊接完成。

第一部分是连弧焊。采用连弧焊或断弧焊，要根据现场情况决定，当母材尺寸较大、焊条较细、焊接电流较小、环境温度较低、工期较紧、焊接质量要求不高时可以考虑采用连弧焊。

连弧焊时，本节介绍的管板规格建议采用直径 ϕ2.5mm 的细焊条。

第一个半圈起点和终点焊接，从时钟 6 点位置起弧焊接，要超过中心线 10mm 左右，焊条的左右倾角 45° 左右。到时钟 12 点位置结束。厚的一侧停留时间长些，熔池保持接近水平方向。运弧方法采用斜锯齿形或反月牙形，仰角焊和平角焊的部位斜度拉得较大。

填充和盖面焊接头时，在熔池前方 5 ～ 10mm 处引弧，然后将焊条回拉至接头部位，按照原熔池形状摆动焊接，一般接头部位刚开始时摆动速度稍慢，摆动幅度每侧稍宽 1 ～ 2mm，摆动 3 个回合后，摆动速度、宽度正常（图 6.162）。

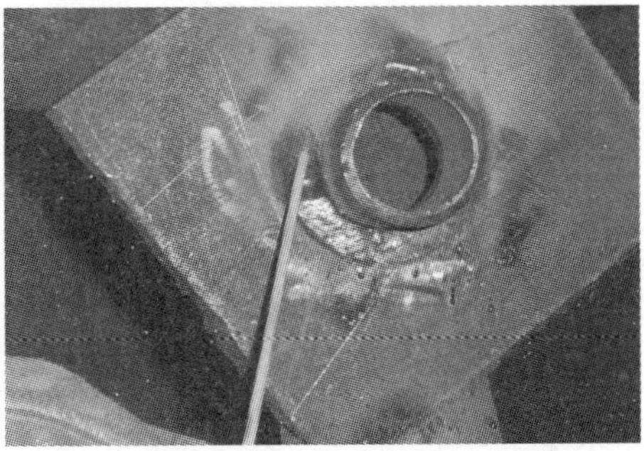

图 6.162　接头引弧位置

第一个半圈焊完后，将起点和终点端焊缝处理成斜坡，便于下个半圈接头焊接。

焊接过程中焊条角度发生如下变化：

整个焊接过程中焊条角度基本要经过 3 个位置的变化：即仰角焊、立角焊和平角焊位置。三个位置的焊条角度可参照图 6.163 进行。

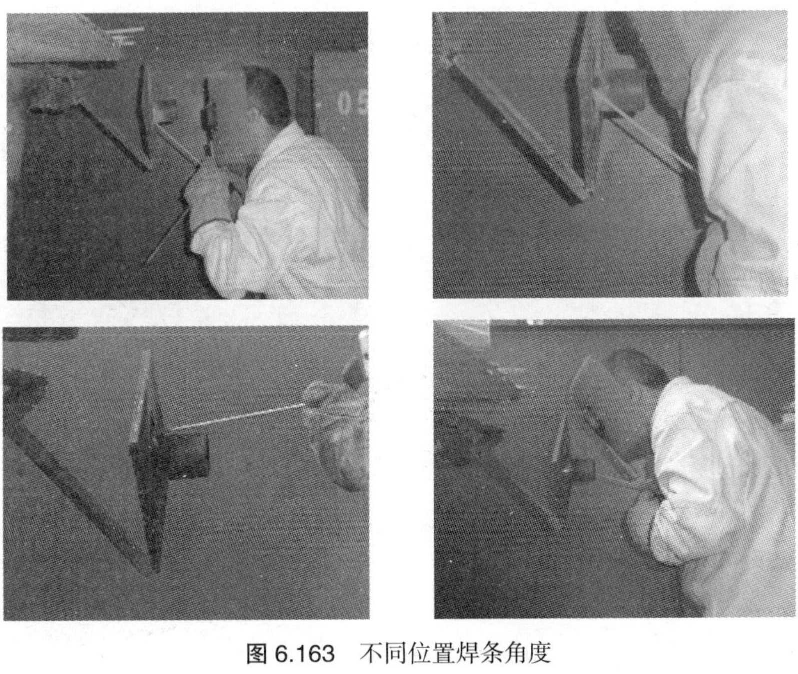

图 6.163　不同位置焊条角度

① 管板仰角位置，焊条下倾角为 85°、前倾角为 80 ~ 90°。

② 随着焊接进行在进入立焊阶段和横焊向立焊的过渡阶段，焊条与管子轴线夹角为 5°、下倾角为 75° ~ 85°。

③ 在管板的平角位置，焊条上倾角为 5°、前倾角为 85° ~ 90°。

连弧焊法操作困难，不易掌握，因此为了防止连弧焊时产生咬边，运弧至两侧要慢，中间要快，避免中间高，两侧低，而且会产生大量咬边现象。总之，要求焊缝平整过渡，焊脚高度相同。

第二部分是断弧焊。

断弧焊操作简单，容易掌握，不易产生咬边等缺陷，但成形波纹较粗、焊接速度慢。

仰角焊部位运弧时，从上引燃电弧向下斜运弧到位后停弧。到立角焊位置，可以从板的一侧向管的一侧引弧。到了平角焊位置要从板向管运弧，也就是从上侧向下侧运弧。

断弧焊接头及成形见图 6.164。

(a) 断弧焊的仰角部位接头效果

(b) 断弧焊的平角部位接头效果

图 6.164　断弧焊的接头效果

参考文献

[1] 范绍林，王影建．电焊工一点通．北京：科学出版社，2011.

[2] 雷鸣，王影建．图解焊工应知应会 300 问．北京：科学出版社，2012.

[3] 劳动和社会保障部中国就业培训技术指导中心．焊工：初级技能 中级技能 高级技能．北京：中国劳动社会保障出版社，2002.

[4] 李继三．电焊工（初级、中级、高级）．北京：中国劳动出版社，1996.

[5] 杨跃．典型焊接接头电弧焊实作．北京：机械工业出版社，2009.

[6] 陈祝年．焊接工程师手册．北京：机械工业出版社，2002.

附　录

焊条型号与牌号对照及用途

常用焊条的型号与牌号的对照以及用途如下，以方便读者参考。

附表 1　碳钢焊条型号与牌号对照、用途

序号	型　号	牌　号	药皮类型	电源种类	主要用途	焊接位置
1	E4300	J420G	特殊型	交流或直流	焊接一般低碳钢，适合火力发电厂碳钢管道的全位置焊接	平、横、立、仰
2	E4301	J423	钛铁矿型	交流或直流	焊接较重要低碳钢结构	平、横、立、仰
3	E4303	J422	钛钙型	交流或直流	焊接压力容器及承压管道碳素钢	平、横、立、仰
4	E4314	J422Fe	铁粉钛钙型	交流或直流	是焊接较重要的低碳钢结构的高效率焊条	平、横、立、仰
5	E4315	J427	低氢钠型	直流反接	焊接压力容器、承压管道碳素钢与强度型、耐热型、低温型低合金钢	平、横、立、仰
6	E4316	J426	低氢钾型	交流或直流正接	焊接压力容器及承压管道碳素钢与强度型、耐热型、低温型低合金钢	平、横、立、仰
7	E4320	J424	氧化铁型	交流或直流正接	焊接较重要低碳钢结构	平、平角焊
8	E5003	J502	钛钙型	交流或直流	焊接承压设备碳钢、低合金钢	平、横、立、仰
9	E5011	J505	高纤维素钾型	交流或直流	用于碳钢及低合金钢立向下焊底层焊接	平、横、立、仰
10	E5015	J507	低氢钠型	直流反接	焊接压力容器、承压管道强度型低合金钢及强度型低合金钢与耐热型、低温型低合金钢	平、横、立、仰

续附表 1

序号	型 号	牌 号	药皮类型	电源种类	主要用途	焊接位置
11	E5016	J506	低氢钾型	交流或直流反接	焊接压力容器、承压管道强度型低合金钢及强度型低合金钢与耐热型、低温型低合金钢	平、横、立、仰
12	E5024	J501Fe15	铁粉钛型	交流或直流	焊接中碳钢及重要低合金钢结构如 Q345 等	平、平角焊
13	E5048	—	铁粉低氢型	交流或直流	具有良好的立向下焊性能	平、横、立、仰

附表 2 低合金高强度钢焊条型号与牌号对照、用途

序号	型 号	牌 号	主要用途
1	E5015-G	J507FcNi	焊接中碳钢及低温压力容器
2	E5515-G	J557 J557Mo J557MoV	焊接中碳钢及相应强度的低合金钢，如 15MnTi，15MnV，15MnVN 等
3	E5015-G	J507MoNb	焊接抗硫化氢，抗氢、氮、氨介质腐蚀用钢焊接，如 12SiMoVNb、15MoV 等
4	E5015-G	J507MoW	焊接抗高温氢、氮、氨腐蚀，如 10MoWVNb
5	E5015-G	J507NiCu J507CrNi J507NiCuP J507CuP	焊接耐大气、耐海水腐蚀及其他耐候钢种
6	E5516-G	J556RH	焊接海洋平台、船舶、压力容器等低合金钢
7	E6015-G	J607Ni	焊接相应强度等级，并有再热裂纹倾向钢
8	E6015-G	J607RH	焊接压力容器、桥梁及海洋工程重要结构
9	E7015-D2	J707	焊接 Cr9Mo、15MnMoV、14MnMoVB、18MnMoNb 等低合金钢
10	E8515-G	J857	焊接相应强度的低合金钢

附表 3 低合金耐热钢焊条型号与牌号对照、用途

序号	型 号	牌 号	主要用途
1	E5015-A1	R107	焊接承压设备工作温度在 510℃以下的 15Mo 等珠光体耐热钢
2	E5503-B1	R202	焊接承压设备工作温度在 510℃以下的 12CrMo 等珠光体耐热钢
3	E5503-B2	R302	焊接工作温度在 520℃以下的 15CrMo 等珠光体耐热钢
4	E5515-B1	R207	焊接压力容器工作温度在 510℃以下的 12CrMo 等珠光体耐热钢
5	E5515-B2	R307	焊接压力容器工作温度在 520℃以下的 15CrMo 等珠光体耐热钢
6	E5515-B3-VWB	R347	焊接承压设备工作温度在 620℃以下的珠光体耐热钢
7	E5500-B3-VWB	R340	焊接工作温度在 620℃以下的相应耐热钢
8	E6000-B3	R400	焊接 Cr2.5Mo 等珠光体耐热钢
9	E6015-B3	R407	焊接压力容器 Cr2.5Mo 等珠光体耐热钢
10	E1-5MoV-15	R507	焊接 Cr5MoV 等珠光体耐热钢
11	R1-9Mo-15	R707	焊接 Cr9Mo 耐热钢及过热器管道
12	E1-11MoVNiW-15	R807	焊接工作温度在 565℃以下的 1Cr11MoV 耐热钢

附表 4 低合金低温钢焊条型号与牌号对照、用途

序号	型 号	牌 号	主要用途
1	—	W707	焊接在 -70℃以下工作的 09Mn2V 等钢结构
2	E5515-C1	W707Ni	焊接承压设备在 -70℃以下工作的 09Mn2V、3.5Ni 等低温钢结构
3	E5515-C2	W907Ni	焊接在 -90℃以下工作的 3.5Ni 等钢结构
4	—	W107Ni	焊接在 -100℃以下工作的 06AlNbCuN，06MnNb 和 3.5Ni 钢等

附表 5　不锈钢焊条型号与牌号对照、用途

序号	型　号	牌　号	主要用途
1	E410-16 E410-15 E410-15	G202 G207 G217	焊接接头属空气淬硬材料，因此焊接时需要进行预热和后热处理，通常用于焊接 0Cr13、1Cr13 型不锈钢，也用于在碳钢上的表面堆焊
2	E430-16 E430-15	G302 G307	熔敷金属中含铬量较高，具有优良的耐腐蚀性能，在热处理后，可获得足够的塑性，通常用于焊接耐蚀耐热的 Cr17 不锈钢
3	E308L-16	A002	焊接压力容器超低碳 00Cr19Ni10、00Cr18Ni10Ti 等不锈钢
4	E308L-15	A002A	焊接超低碳 022Cr19Ni10 不锈钢承压结构件，也可焊接 06Cr18Ni11Ti 工作温度低于 300℃耐腐蚀的不锈钢承压结构件
5	E308-16 E308-17 E308-15	A102 A107 A112 A117	焊接压力容器工作温度低于 300℃的 0Cr18Ni9、1Cr18Ni9Ti 相同类型的不锈钢结构，也可焊接高铬钢，堆焊不锈钢表面层
6	E309-16 E309-15	A302 A307	焊接相同类型的不锈钢，异种钢、复合板、不锈钢衬里等
7	E310-16 E310-15	A402 A407	通常用于焊接高温下工作的相同类型不锈钢，如 0Cr25Ni20 型不锈钢，也可以焊接 Cr5Mo、Cr9Mo、Cr13、Cr29 等钢
8	E347-16 E347-15	A132 A137	焊接奥氏体钢，如 0Cr18Ni9、0Cr19Ni10、0Cr18Ni9Ti、1Cr18Ni9Ti
9	E316-16 E316-15	A202 A207	焊接在较高温度下使用的有机和无机酸介质中工作的不锈钢，如 0Cr17Ni12Mo2 型不锈钢及相类似的材料
10	E316L-16	A022	由于含碳量低，因此在不含铌、钛等稳定剂时，也能抵抗因碳化物析出而产生的晶间腐蚀，可焊接尿素及合成纤维设备，也可焊接铬不锈钢、异种钢
11	E318-16	A212	焊接 0Cr18Ni12Mo、00Cr17Ni14Mo2 钢的重要设备，如尿素、维尼纶设备中接触强腐蚀介质的部件
12	E318V-16 E318V-15	A232 A237	由于增加钒，提高了焊缝金属热强性和抗腐蚀能力，用于焊接同类型含钒不锈钢或焊接普通耐腐蚀的 0Cr19Ni10、0Cr17Ni12Mo 等不锈钢

附表 6 铸铁焊条型号与牌号对照、用途

序号	型 号	牌 号	电源种类	焊缝金属	主要用途
1	EZFe-2	Z100	交、直流	碳钢	一般灰铸铁缺陷修补，抗裂性及加工性差
2	EZC	Z248 Z208	交、直流	灰铸铁	一般灰铸铁补焊，须预热至400℃（对承受应力及冲击等重要结构不宜采用）
3	EZV	Z116 Z117	直流反接	高钒钢	补焊强度较高的灰铸铁、球墨铸铁焊件可不预热
4	EZCQ	Z238	交、直流	球墨铸铁	球墨铸铁补焊（预热 500℃，焊后正火或退火处理）
5	EZNi-1	Z308	交、直流	镍	焊接重要灰铸铁，可加工。如机床床面，汽缸加工面
6	EZNiFe-1	Z408	交、直流	镍铁合金	补焊重要高强度灰铸铁及球墨铸铁，可加工，常温或稍经 200℃预热
7	EZNiCu-1	Z508	交、直流	镍铜合金	补焊强度不高的灰铸铁，可加工，常温或经 300℃低温预热

附表 7 镍基焊条型号与牌号对照、用途

序号	型 号	牌号	药皮类型	电源种类	主要用途	焊接位置
1	ENi-1	Ni102	钛钙型	交流或直流	工业用镍、镍与钢及双金属焊接	全位置
2	ENiCrFe-1	Ni307-1	低氢钠型	直流反接	焊接耐热耐蚀镍基合金，也可焊接异种钢	全位置
3	ENiCrFe-2	Ni307-2	低氢钠型	直流反接	焊接耐热耐蚀镍基合金，也可焊接异种钢	全位置
4	ENiCrFe-3	Ni307-3	低氢钠型	直流反接	焊接耐热耐蚀镍基合金，也可焊接异种钢	全位置
5	ENiCrMo-3	Ni327-3	低氢钠型	直流反接	焊接镍基合金，也可焊接一些难焊合金、异种钢及深冷钢	全位置
6	ENiCrMo-6	Ni327-6	低氢钠型	直流反接	焊接镍基合金，也可焊接一些难焊合金、异种钢及深冷钢	全位置

附表 8　国内外碳钢焊条牌号对照

牌号（大西洋）	牌　号	GB(中国)	AWS(美国)	JIS(日本)	DIN(德国)
CHE40	J421	E4313	E6013	D4313	E4332 R3
CHE420T	J420G	E4300			
CHE421	J421	E4313	E6013	D4313	E4332 R3
CHE421Fe16	J421Fe16	E4324	E6024		
CHE421Fe18	J421Fe18	E4324	E6024		
CHE421D	J421X	E4313	E6010	D4313	E4333R (C) 3
CHE42	J422	E4303	E6019	D4303	
CHE422	J422	E4303		D4303	
CHE423	J423	E4301		D4301	
CHE424	J424	E4320	E6020	D4320	E4354AR11160
CHE424Fe16	J424Fe16	E4327	E6027	D4327	E4354AR11160
CHE425	J425	E4311	E6011	D4311	
CHE425G	J425G	E4310	E6010		
CHE425GX	J425G	E4310	E6010		E4343C4
CHE426	J426	E4316	E6016	D4316	E4343B10
CHE47	J427	E4315			
CHE427	J427	E4315			
CHE427T	J427X	E4315			
CHE501Fe	J501Fe	E5014	E7014		E4321AR11120
CHE501Fe16	J501Fe16	E5024	E7024		E5142RR11160
CHE502	J502	E5003		D5003	
CHE503	J503	E5001			
CHE505	J505	E5011	E7011-A1		
CHE505G		E5010	E7010-A1		
CHE505GX		E5010	E7010-A1		
CHE56	J506	E5016	E7016	D5016	E5154B (R) 10
CHE506	J506	E5016	E7016	D5016	E51431310
CHE50	J507	E5015	E7015		

续附表 8

牌号（大西洋）	牌　号	GB(中国)	AWS(美国)	JIS(日本)	DIN(德国)
CHE507	J507	E5015	E7015		E51551310
CHE507T	J507X	E5015	E7015		E51551310
CHE507Fe16	J507Fe16	E5028	E7028	D5026	E5155B (R) /2160
CHE58-1		E5018-1	E7018-1	D5016	E5154B (R) 10
CHE508-1		E5018-1	E7018-1		E5154B10
CHE508		E5018	E7018	D5016	E5153B10
CHE508T		E5048	E7048		

附表 9　国内外低合金钢焊条牌号对照

牌号（大西洋）	牌　号	GB(中国)	AWS(美国)	JIS(日本)	DIN(德国)
CHE502WCu	J502Wcu	TBE5003-G			
CHE505Mo		E5010-A1	E7010-A1		
CHE506NiLH		E5016-G	E7016-G		
CHE506WCu	J506Wcu	TBE5016-G			
CHE507NiLH		E5015-G	E7015-G		
CHE507RH		E5015-G			
CHE507CuP	J507CuP	E5015-G	E7015-G		
CHE507MnMo		E5015-G	E7015-G		
CHE507CrNi	J507CrNi	E5015-G	E7015-G		
CHE507GX		E5015	E7015		
CHE508Ni		E5018-G	E7018-G		
CHE555GX		E5510-G	E8010-P1		
CHE557	J557	E5515-G	E8015-G	D5316	EY5066NiMoBH5
CHE557MoV	J557MoV	E5515-G	E8015-G	D5316	EY5066NiMoBH5
CHE557GX		E5515-G	E8015-G		
CHE558GX		E5518-G	E8018-G		
CHE62CFLH		E6015-G	E9015-G	D5816	E55548XXH5
CHE606	J606	E6016-D1	E9016-G	D5816	E55548XXH5

续附表 9

牌号（大西洋）	牌　号	GB(中国)	AWS(美国)	JIS(日本)	DIN(德国)
CHE607	J607	E6015-D1	E9015-G	D5816	DY5554BXXH5
CHE607Ni	J607Ni	E6015-G	E9015-G	D5816	EY5554BXXH5
CHE607GX		E6015-G	E9015-G		
CHE707	J707	E7015-D2	E10015-G	D7016	EY624BXXH5
CHE707MnMo		E7015-G	E10015-G	D7016	EY624BXXH5
CHE707Ni	J707Ni	E7515-G	E10015-G	D7016	EY624BXXH5
CHE757	J757	E7517-G	E11015-G	D7016	EY6924BXXH15
CHE758		E7518-G	E11018-G		
CHE80C		E8015-G	E12015-G		
CHE857	J857	E8515-G	E12015-G		EY7953BXXH15
CHE857Cr	J857Cr	E8515-G	E12015-G		EY7953BXXH15
CHE857CrNi	J857CrNi	E8515-G	E12015-G		EY7953BXXH15
CHE858		E8518-G	E12018-G		
CHH107	R107	E5015-A1	E7015-A1	DT1216	EMoB10+
CHH108		E5018-A1	E7018-A1		
CHH202	R202	E5503-B1			
CHH207	R207	E5518-B1	E8015-B1		
CHH307	R307	E5515-B2	E8015-B2	DT2315	ECrMolB10+
CHH308		E5515-B2	E8018-B2		
CHH317	R317	E5515-B2-V	E8016-B2	DT2315	
CHH327	R327	E5515-B2-VW			
CHH337	R337	E5515-B2-VNb			
CHH347	R347	E5515-B3-VWB			
CHH407	R407	E6015-B3	E9015-B3	DT2415	EcCrMo2B10+
CHH417	R417	E5515-B3-VNb			
HL107	W107	E5015-C2L	E7015-C2L		

续附表 9

牌号（大西洋）	牌　号	GB(中国)	AWS(美国)	JIS(日本)	DIN(德国)
HL707	W707	E5515-Cl	E8015-C1		
HL907		E7015-G			

附表 10　国内外不锈钢焊条牌号对照

牌号(大西洋)	牌　号	GB(中国)	AWS(美国)	JIS(日本)	DIN(德国)
CHH507	R507	E5MoV-15	E502-15	DT2516˙	EkbCrMo520+
CHH707	R707	E9Mo-15	E505-15		EkbCrMo920+
CHH807	R807	E11MoVNi-15			
CHK202	G202	E410-16	E410-16	D410	E13B20+
CHK207	G207	E410-15	E410-15		E13B20+
CHK232		E410NiMo-16	E410NiMo-16		
CHK307	G307	E430-15	E430-15	D430	E17B20+
CHS002	A002	E308L-16	E308L-16	D308L	E199ncR23
CHS002A		E308L-15	E308L-15		
CHS012Si	A012Si				
CHS022	A022	E316L-16	E316L-16	D316L	E19123ncR26
CHS022N		E316L-16	E316L-16	D316L	E19123ncR26
CHS022Si	A022Si				
CHS032	A032	E317 MoCuL-16	E317L-16		
CHS042	A042	E309MoL-16	E309 MoL-16		
CHS052	A052				
CHS062	A062	E309L-16	E309L-16		
CHS062A		E309L-15	E309L-15		
CHS102	A102	E308-16	E308-16	D308-16	E199R26
CHS107	A107	E308-15	E308-15		E199B26
CHS122	A122				
CHS132	A132	E347-16	E347-16	D347-16	E199NbR26
CHS137	A137	E347-15	E347-15	D347-15	E199NbB26
CHS202	A202	E316-16	E316-16	D316	E19123R26

续附表 10

牌号(大西洋)	牌　号	GB(中国)	AWS(美国)	JIS(日本)	DIN(德国)
CHS207	A207	E316-15	E316-15		E19123B20+
CHS212	A212	E318-16	E318-16		E19123NbR26
CHS222	A222	E317 MoCu-16	E316Cu-16		
CHS232	A232	E318V-16			
CHS237	A237	E318V-15			
CHS302	A302	E309-16	E309-16	D309-16	E2312R26
CHS307	A307	E309-15	E309-15	D309-15	E2212B20+
CHS312	A312	E309Mo-16	E309Mo-16	D309Mo-16	E2312R26
CHS402	A402	E310-16	E310-16	D310-16	E2520R26
CHS407	A407	E310-15	E310-15	D310-15	E2520B26
CHS412	A412	E310Mo-16	E310Mo-16	D310Mo-16	
CHS437			E310H-15		B.S:25.20H
CHS502	A502	E16-25MoN-16	E16-8-2-16	D16-8-2	
CHS507	A507	E16-25MoN-15	E16-8-2-15	D16-8-2	
CHS29.9		E312-16	E312-16	D312	
CHS2209		E2209-16	E2209-16		

附表 11　国内外堆焊焊条牌号对照

牌号（大西洋）	牌　号	GB(中国)	AWS(美国)	JIS(日本)
CHR107	D107	EDPMn2-15		
CHR112	D112	EDPCrMo-A1-03		
CHR127	D127	DEPMn3-15		
CHR132	D132	EDPCrMo-A2-03		
CHR172	D172	EDPCrMo-A3-03		
CHR207	D207	EDPCrMnSi-15		
CHR212	D212	EDPCrMo-A4-03		
CHR237	D237	EDPCrMoV-A1-15		
CHR256	D256	EDMn-A-16	EFeMn-A	DF-MnA
CHR266	D266	EDMn-B-16	EFeMn-B	DF-MnA
CHR276	D276	EDCrMn-B-16	DE-ME	DF-ME

续附表 11

牌号（大西洋）	牌　号	GB(中国)	AWS(美国)	JIS(日本)
CHR307	D307	EDD-D-15		
CHR322	D322	EDRCrMoWV-A1-03		
CHR327	D327	EDRCrMoWV-A1-15		
CHR337	D337	EDRCrW-15		
CHR397	D397	EDRCrMnMo-15		
CHR502	D502	EDCr-A1-03		DF-4A
CHR507	D507	EDCr-A1-15		DF-4A
CHR507Mo	D507Mo	EDCr-A2-15		
CHR507MoNb	D507MoNb			
CHR512	D512	EDCr-B-03		DF-4A
CHR517	D517	EDCr-B-15		DF-4A
CHR547Mo	D547Mo	EDCrNi-B-15		
CHR557	D557	EDCrNi-C-15		
CHR577	D577	EDCrMn-C-15		DF-ME
CHR608	D608	EDZ-A1-08		
CHR618	D618			
CHR648		EDZCr-B-08		
CHR646	D646	EDZCr-B-16		
CHR678	D678	EDZ-B1-08		
CHR698	D698	EDZ-B2-08		
CHR707	D707	EDW-A-15		

附表 12　国内外铸铁焊条牌号对照

牌号（大西洋）	牌　号	GB(中国)	AWS(美国)	JIS(日本)
CHC100	Z100			
CHC	Z			
CHC208	Z208	EZC		
CHC308	Z308	EZNi-1	ENi-CI	DECNi
CHC408	Z408	EZNiFe-1	ENiFe-CI	DFCNiFe
CHC508	Z508	EZNiCu-1	ENiCu-B	DFCNiCu

附表 13　国内外镍及镍合金焊条牌号对照

牌号（大西洋）	牌　号	GB(中国)	AWS(美国)	JIS(日本)
CHN102	Ni102	ENi-1	ENi-1	DNi-1
CHN112	Ni112	ENi-0		
CHN307	Ni307	ENiCrFe-0		
CHN317	Ni317	ENiCrFe-1	ENiCrFe-1	DNiCrFe-1
CHN327	Ni327	ENiCrFe-2	ENiCrFe-2	DNiCrFe-2
CHN337	Ni337	ENiCrFe-3	ENiCrFe-3	DNiCrFe-3
CHN347	Ni347	ENiCrFe-4	ENiCrFe-4	

附表 14　国内外铜及铜合金焊条牌号对照

牌号（大西洋）	牌　号	GB（中国）	AWS（美国）	JIS（日本）
CHCu107	T107	ECu	ECu	
CHCu307	T307	ECuNi-B	ECuNi	

读书笔记